Baumann · Das letzte Geheimnis der Inka

PETER BAUMANN

DAS LETZTE GEHEIMNIS DER INKA

MUMIEN, GOLD UND HEILIGTÜMER AUF DEM DACH DER ANDEN

HERDER FREIBURG · BASEL · WIEN

Alle Rechte vorbehalten — Printed in Germany
© Verlag Herder Freiburg im Breisgau 1986
Satzherstellung: F. X. Stückle, Ettenheim
Druck und Bindearbeiten: Freiburger Graphische Betriebe 1986
ISBN 3-451-20739-7

Für Johan

Inhalt

Zu diesem Buch

Auf Andengipfeln, wo in der dünnen, eisigen Luft jeder Schritt wie mit Blei beschwert ist, haben bergerprobte Wissenschaftler in jüngster Zeit die höchsten archäologischen Stätten der Welt entdeckt. Mumien, Gold und Opferstätten sind dort, zwischen über 4000 und nahezu 7000 m Höhe, der Habgier und dem religiösen Zerstörungseifer der Konquistadoren entgangen. Sie haben sich aber auch der Forschung entzogen. Mit der Freude über die neuen Funde kommen die Fragen: Welche präkolumbische Kultur wollte so hoch hinauf? Und warum wollte sie dies? Wollten die alten Indianer − wie einst die Babylonier − in den Himmel der Götter schauen? Wollten sie den Göttern auf höchster Ebene dienen? Oder waren ihre Götter die Berge selbst?

Mein Buch „Valdivia" über die Entdeckung der bisher ältesten Kultur Amerikas, die Fernsehreihe „Terra X − Rätsel alter Weltkulturen", an der ich als Autor mitgewirkt habe, sowie andere Bücher und Filme über Themen aus der Neuen Welt haben mir die Freundschaft und das Vertrauen führender Archäologen eingetragen, die heute in Amerika die Spuren der präkolumbischen Indianer sichern. So konnte ich auch mit dabeisein, als in Ecuador, Peru, Bolivien und Chile, in den Grenzen des alten Inka-Reiches, aufregende Entdeckungen gemacht wurden. Neues Licht fällt durch sie auf Chavín de Huántar, das uralte Tempelzentrum in den peruanischen Bergen, auf Nazca mit seinen berühmten „Landebahnen der Astronautengötter", auf Tiahuanaco in Bolivien, dessen Rätsel Thor Heyerdahl zu seinem „Kon-Tiki"-Unternehmen anregten, und auf Cajamarca, wo vor über 450 Jahren der Inka-Herrscher Atahualpa starb.

Ich habe dieses Buch dem amerikanischen Anthropologen Johan Reinhard gewidmet; er ist es, der mit seinem Spürsinn und unter größten Strapazen einem der letzten großen Geheimnisse im Reich der Inka auf die Spur gekommen ist. Er hat über 40 von nahezu 100 Opferstätten auf dem Dach der Anden entdeckt und damit Götter, deren Rang und Einfluß der Altertumsforschung in Amerika bisher entgangen ist. Seit unserem ersten Treffen vor einigen Jahren im peruanischen Städtchen Pisac, wo er mir von seinen Forschungsabenteuern erzählte, hat er mich über seine Arbeit, die in letzter Zeit auch von der National Geographic Society unterstützt wurde, auf dem laufenden gehalten. Und immer wieder sind wir uns begegnet, in Lima, in Cuzco und in Nazca. So konnte schließlich dieses Buch über einen Meilenstein der Forschung im Alten Amerika entstehen.

Peter Baumann

Caracas

VENEZUELA

KOLUMBIEN

Bogota

Georgetown

Paramaribo

SURINAM

Cayenne

GUAYANA

FRANZ.GUAYANA

ECUADOR

Quito

Cajamara

PERU

BRASILIEN

Lima

Cuzco

BOLIVIEN

La Paz

Brasilia

CHILE

Rio de Janeiro

ARGENTINIEN

Santiago

Montevideo

Buenos Aires

Die Schauplätze unseres
Themas. Von Südkolum-
bien bis Mittelchile
beherrschten die Inka die
Andenwelt. Die Skizze zeigt
das Inka-Reich mit Moche,
Chavín de Huántar,
Cajamarca, Cuzco, Nazca,
Tiahuanaco und Santiago.

FALKLAND-IN.(brit.)

11

Einführung

Mumien, Gold und Heiligtümer auf dem Dach der Anden

In den Kordilleren mit ihren überwältigenden landschaftlichen Kontrasten haben sich die am meisten fortgeschrittenen Zivilisationen der Neuen Welt entwickelt. Die mächtige Gebirgsbarriere am Westrand des südamerikanischen Halbkontinents hat die Menschen nicht daran hindern können, große Städte in Hochtäler einzubetten, kühne Festungswerke auf die unwegsamsten Felsen zu setzen, ein alle Höhen und Entfernungen überwindendes Straßennetz anzulegen sowie ausgeklügelte Pflanzenterrassen und Bewässerungssysteme in die Hänge zu stufen. Die Indianer besaßen die Fähigkeiten, ihre Gemeinschaften erst örtlich begrenzt, dann regional und schließlich über fast alle Grenzen hinweg zu organisieren und zu versorgen, so daß viele Gebiete in den Kordilleren vor der Ankunft der Spanier dichter besiedelt waren, als sie es heute sind.

Ich will diese Zeit nicht preisen und die alten Kulturen auch nicht mit den Staaten vergleichen, die Erben der Inka und der Spanier sind, sondern den Kräften auf die Spur kommen, die den Impuls und den Antrieb zu einigen der großartigsten Leistungen und Schöpfungen der alten Indianer gegeben haben.

Wer über die präkolumbischen Kulturen in Südamerika gelesen, ihre Werke in den Museen oder gar in Peru, Ecuador oder Bolivien besichtigt hat, für den verbinden sich mit Begriffen wie Valdivia, Chavín, Nazca, Moche oder Tiahuanaco Bilder und Eindrücke von vorgeschichtlichen Menschengesellschaften mit außergewöhnlichen Schöpfungen. Am Ende der über mehrere Jahrtausende reichenden Entwicklung steht, wie jedermann weiß, alles beherrschend und vieles zur Blüte entfaltend, die Zivilisation der Inka.

Das Imperium der Inka und die indianischen Kulturen vor ihnen sind in vielen Büchern geschildert worden. Und doch sind viele Rätsel geblieben! Die Wissenslücken gaben Raum für Geistesabenteurer. Thor Heyerdahl, Erich von Däniken sowie viele andere haben die Welt mit Lesestoff über altamerikanische Rätsel versorgt. Sie haben das Unmögliche möglich gemacht oder für möglich gehalten. Aber sie haben uns der Wahrheit nicht nähergebracht. Ihre gesammelten Irrtümer stehen auch in meinem Bücherschrank. „Kon-Tiki" gehört dennoch zu den geliebtesten Büchern meiner Jugend und „Ra" zu den späteren Lesefreuden, von Dänikens Bücher freilich zählen mit ihrer grobschlächtigen Sprache und der Arroganz, mit der sie wissenschaftliche Lebenswerke abtun, zu meinen ärgerlichsten Erlebnissen. Zum Glück gibt es die „Erinnerungen an die Wirklichkeit", die köstlich geschriebene Abrechnung eines Abiturienten mit den schlampigen Recherchen des Geistesastronauten. Mit den jüngsten Entdeckungen in den Grenzen des alten Inka-Reiches sind neue Fragen verbunden, doch auch überraschende Antworten, die zeigen, wie wenig die alten Indianer weiße oder gar außerirdische Geburtshelfer für ihre kulturellen Hochleistungen benötigten.

Ich denke da an die Expedition „Antisuyu '84", die Federico Kauffmann-Doig zusammen mit dem Venezianer Giancarlo Ligabue in den alten Osten des Inka-Reiches, das Incanato, unternahm. Die Quechua nannten das Gebiet Rupa Rupa, was soviel wie heiße Klimazone bedeutet. Wir kennen das Land am Osthang der Anden als peruanische Montaña oder tropische Anden. Bis zu einer Höhe von 3 800 m steigen hier die Bergregenwälder und die Nebelwälder an. In einem solchen Gebiet ist schon 1963 der Ruinenkomplex Pajatén entdeckt worden. Die Stadt, viellleicht ein Vorposten der Inka, war den spanischen Eroberern entgangen, und so hingen an den Außenwänden der Gemäuer noch Holzskulpturen, wie sie vor 500 Jahren oder noch früher von den Bewohnern angebracht worden waren – „in situ", wie der Archäologe sagt. Federico Kauffmann-Doig drang 1980, 1981 und 1984 noch weiter in die Umgebung von Pajatén vor und entdeckte dort im Fels geheimnisvolle Kammern und große hölzerne Figuren. Seine ersten Forschungsberichte zeigen, wie weit die Zivilisation der Indianer in den tropischen Osten vorgedrungen ist: „Von Kolumbien bis zu den Yungas in Bolivien reichte die agrarische Kolonisierung der Anden", meint der peruanische Archäologe.

Diese Feststellung wird durch andere Nachrichten aus Altamerika unterstrichen. Zu den aufregenden Entdeckungen der neueren Zeit gehört in diesem Zusammenhang in Kolumbien die Ciudad Perdida, mit deren Ausgrabung erstmals nördlich der Grenzen des Inka-Imperiums bemerkenswerte bauliche Anlagen in Südamerika nachgewiesen werden konnten. Auch in Ecuador wurde mit der Freilegung der „Stufenpyramiden" von

Cochasqui unter der Leitung des deutschen Archäologen Udo Oberem gezeigt, daß auch die „Nordvölker" großzügig geplant und gebaut haben: Auf einer Gruppe von sieben gestuften Pyramiden sehen wir in Cochasqui, nahe der Stadt Quito, Plattformen aus gebranntem Ton, auf denen mit Hartgras gedeckte Rundbauten gestanden haben sollen. Ein Modell der Anlage steht im Archäologischen Museum der Banco Central in der Hauptstadt.

So wie die Ciuadad Perdida in Kolumbien und die Urwaldheiligtümer im Osten Perus sind noch andere Werke der Inka, ihrer Nachbarn und ihrer Vorläufer von den Spaniern unbehelligt und trotz mehr als hundertjähriger Forschung unentdeckt geblieben. Dazu gehören auch unsere Opferstätten über den Wolken, die höchstgelegenen Bauten der Welt. Keine der alten Kulturen hat je in größerer Höhe gebaut, als dies die Indianer getan haben.

Einige ihrer Heiligtümer in über 6000 m Höhe lagen, als man sie entdeckte, noch so da, als hätten die Erbauer sie eben erst verlassen, nachdem ihre Priester dort Menschen geopfert hatten. Eine Kette von mehr als hundert Gipfeln, die die Kordilleren schmücken, tragen Opferstätten und Heiligtümer. Und was sie zu erzählen haben, wenn man die Zeichen zu lesen versteht, entschlüsselt uns eines der letzten Geheimnisse im Reich der Inka. Daß es so lange bewahrt geblieben ist, hat gute Gründe.

Damit sind wir bei einem der abenteuerlichsten Kapitel der Forschungsgeschichte: es heißt Gipfelarchäologie.

Gipfelarchäologie setzt einen Typ von Wissenschaftler voraus, der neben den Fähigkeiten zur exakten Grabung, zur Sicherung und Einschätzung des Befundes auch das Training, die Energie und den Mut des Bergsteigers besitzen muß, dazu Instinkt und Bereitschaft zum Abenteuer. Solche Eigenschaften zeichnen ganz wenige Männer aus. Wie wichtig diese seltenen Gaben inzwischen geworden sind, lehren zwei Ereignisse, die die Dinge in Bewegung gebracht haben.

Im Jahr 1954 erklimmen drei Schatzsucher, für die Gold, nicht Erkenntnisdrang der Motor ihrer Anstrengung ist, den über 5000 m hohen Cerro El Plomo bei Santiago de Chile. Sie stolpern fast hinein in eine Opferstätte, in deren Mitte ein Inka-Prinz, Kind noch, mit reichen Beigaben ausgestattet, wie schlafend liegt. Die Kälte hat das Kind über Jahrhunderte konserviert. Zu fragen, wer es in die lebensfeindliche Zone gebracht habe und warum dies geschehen sei, ist nicht Sache der Entdecker. Sie wollen Gold, und sie erhalten es, zum Glück für die Wissenschaft, auch vom Museum für Naturgeschichte in der chilenischen Hauptstadt, das den einmaligen Fund erwirbt.

Zehn Jahre nach der Gipfelsensation vom Cerro El Plomo rüstet ein Zeitungsmann in Argentinien eine Expedition aus, die nahe dem Gipfel des Cerro El Toro einen jungen Krieger findet, dem man dort oben vor Jahrhunderten vermutlich die Ehre eines Todesrituals zugedacht hatte. Beide Funde gelten als die besterhaltenen Mumien der Welt.

Mitglied der zweiten Bergtour ist der Archäologe Juan Schobinger, Argentinier Schweizer Abstammung. Er schöpft nach dem Fund als erster den Begriff High altitude-Archeology. Acht Jahre später ruft ein Argentinier namens Antonio Beorchia, Bergsteiger und Hobby-Archäologe, eine Organisation ins Leben, deren Ziel die archäologische Erforschung von Andengipfeln ist. Den letzten Anstoß dazu erhält Beorchia bei einer Exkursion auf den Cerro Mercedario in den Zentralanden. Der Bergsteiger wird dort oben auf Anhieb fündig. Zwei Frauenstatuetten, die Figur eines Lamas und ein Beutel mit Cocablättern verlassen am nächsten Tag mit ihm den Gipfel. Während der Nacht aber, die er in seinem Zelt vor Aufregung schlaflos verbringt, reift in dem Argentinier die Idee CIADAM zu gründen, das „Zentrum für die archäologische Erforschung hoher Berge".

Diese Gründung im Jahr 1972 kam keinen Augenblick zu spät, denn die Erfolgsaussichten auf Andengipfeln hatten durchtrainierte Glücksritter längst auf die Berge getrieben, die ihre Fundstätten ohne Rücksicht auf wissenschaftliche Verluste abräumten. Beorchia selbst mußte erleben, wie Schatzgräber ihm zuvorgekommen waren und eine von ihm entdeckte Mumie einfach aus dem Eis gesprengt hatten, bevor er sie auf einer zweiten Expedition bergen konnte.

In den ersten zehn Jahren nach der Gründung verzeichnete die Erfolgsbilanz der Organisation CIADAM 100 Ruinen in Lagen über 5000 m Höhe, viele davon auf Bergen nahe einer alten Inka-Straße. Auch Tambos, gemauerte Vorratslager der Inka, waren darunter. Am Vulkan Licancabur hatten die Indianer allein 150 solcher Häuser für ein Tambo errichtet.

Obwohl es Beorchias Organisation gibt, beklagen manche Archäologen, die selbst durch mangelndes Bergtraining, durch Körperfülle, das Alter oder aus anderen Gründen behindert sind, daß geringe archäologische Kenntnisse und großer Enthusiasmus allein noch keine Grundlagen für seriöse wissenschaftliche Arbeit seien; sie fürchten auch, daß noch immer wertvolles Fundgut in private Hände geraten könnte.

So kennzeichnen auch Mißtrauen und Neid die Atmosphäre, als der Anthropologe Johan Reinhard im Januar 1980 nach Südamerika kommt. Der baumlange Amerikaner, dessen hageres Gesicht von den Härten der Bergsteigerei gezeichnet ist, aber auch die Energien verrät, die ihn dazu antreiben, hat zu diesem Zeitpunkt in den Bergen Nepals als Mitglied der erfolgreichen Everest-Expedition von 1976 bereits viele Bergsteigererfahrungen gesammelt. 1980 ist er 36 Jahre alt.

Johan Reinhard wird zur Schlüsselfigur bei der Erforschung der Heiligtümer auf den Andengipfeln und ihrer anthropologischen Hintergründe. Binnen sechs Jahren ersteigt der Anthropologe über 100 Andengipfel und entdeckt als erster Forscher über 40 weitere Heiligtümer, die der Bekehrungs- und Zerstörungswut der Spanier entgangen sind. Mancher Indianer in Peru, Bolivien und Chile, der der einsamen Gestalt mit den Augen folgt, bis sie in den Wolken verschwindet, sagt ihr immer wieder den Tod voraus; denn ungestraft darf nach Ansicht der Alteingesessenen niemand auf den Häuptern der Berggeister herumsteigen. Und oft genug greifen die Berge auch nach dem Gipfelstürmer, schicken Blitz, Donner und den gefürchteten Eisregen auf ihn herab. Doch am Ende entreißt er den Bergen ihr Geheimnis.

Johan Reinhard hat mich zum Zeugen seiner Forschungen gemacht, dessen Ergebnis neues Licht auf das Leben und die Leistungen der Inka, aber auch ihrer Vorläufer wirft. Wenden wir uns nun dem Ereignis zu, das eines der größten Abenteuer, die man in Südamerika bestehen kann, überhaupt erst ausgelöst hat ...

Der Schatzfund auf einem Schneegipfel und die Folgen

Der geopferte Inka-Prinz vom Cerro El Plomo

Im Jahr 1480 eroberte der Herrscher Topa Inka Yupanqui das Gebiet, das die Aymará vom Titicaca-See Chilli, das Ende der Welt, nannten. Die Inka-Welt endete am Río Maule. Dort stoppten die Araukaner, grimmige, unbesiegbare Kämpfer, den Vormarsch der Eroberer. Die neuen Gebiete nördlich des Flusses verleibte der Gottkaiser seinem Imperium ein und nannte sie Colla Suyu.

Im Jahr 1540 erreichte ein anderer Eroberer, der spanische Hauptmann Valdivia, den Río Maule. Die Araukaner leisteten auch ihm erfolgreich Widerstand. Sie ließen den Konquistadoren mit seinem Trupp in eine Falle reiten, nahmen ihn gefangen, marterten ihn zu Tode und aßen sein Herz. Santiago de Chile, die Gründung dieses Pedro de Valdivia, aber hatte Bestand. Das Colla Suyu war fortan spanisch.

In den 60 Jahren zwischen diesen beiden geschichtlichen Daten hielten Inka-Priester auf einem majestätischen Berg, 45 km westlich von Santiago entfernt, ein Ritual ab, bei dem der Sonne ein Mensch geopfert wurde. Das Jahr kennen wir nicht, den Tag aber glaubt Grete Mostny, Direktorin des Museums für Naturgeschichte in der Hauptstadt, genau bestimmen zu können: nämlich den 23. Dezember, und es sei die Abendstunde gewesen, als am westlichen Horizont hinter den Bergen die Sonne unterging.

Im Inka-Reich wurde an diesem Tag das Fest der Sonnenwende, das Capac Racmi, mit Opfern begangen. Das Capacocha, das königliche Opfer, das in 5 400 m Höhe auf dem Cerro El Plomo dargebracht wurde, ragt jedoch aus allen Opfern insofern heraus, als wir nur ihm die Begegnung mit einem kleinen Inka-„Prinzen" verdanken, an dem 500 Jahre wie spurlos vorübergegangen zu sein scheinen.

Wer im Museum in Santiago der kleinen Mumie unmittelbar gegenübersteht, sucht wohl zuerst im Gesicht des toten Prinzen zu lesen. Die Lider mit den langen Wimpern sind geschlossen. Kein Anzeichen erlittener Qualen, keine Verletzung entstellen die hübschen Züge mit der feinen

Nase und dem vollen, sensiblen Mund. Die rechte Wange lehnt gegen die angezogenen Knie. Ein Bild friedlichen Schlummers?

Mein Blick fällt auf die Hände. Sie sind um die Knie gefaltet, die linke über der rechten Hand. Es sind volle, fleischige Kinderhände, mit langen Fingernägeln. Die ungeschützte, dem Frost ausgesetzte Hand ist blaugefroren und geschwollen, der Daumen weit abgespreizt. Die Füße mit den neuen bestickten Mokassins hat das Kind an den Körper gezogen, als sollten sie dem Biß der in dieser Höhe herrschenden Eiseskälte entgehen. Im Dämmerschlaf scheint das Kind zu dieser Haltung gefunden zu haben, in einem Reflex, doch ohne daß die Pein des Fleisches sein Hirn noch recht erreichte.

Liebevolle Hände haben die Fülle des schulterlangen blauschwarzen Haares zu über 100 feinen Zöpfen geflochten, einige davon fallen über die rechte Wange. Ein Stirnband, durch ein Kinnband an seinem Platz gehalten, rafft die Haartracht zusammen. Eine Krone aus feinster Wolle ist über der Stirn durch ein Arrangement von Kondorfedern geschmückt. Ein schwerer Silberreif ziert den linken Vorderarm, ein H-förmiges Silberschild den Kopf. Beide Schmuckstücke galten in der Inka-Welt als Zeichen hohen Ranges.

Die Tunika aus schwarzer Lammwolle, Uncu genannt, und der graue Alpacaschal sollten das Kind nicht gegen die Kälte schützen, sondern schmücken. Die Yancolla liegt doppelt um seine Schultern. Der Schal hat einen roten Besatz, die Tunika endet in vier Streifen aus Lamapelz und einem Abschluß aus roten Fransen.

Für die lange Reise zu dem grausamen Gott, dem dieses Leben geopfert worden ist, haben die Priester vorgesorgt. In einer schön gearbeiteten Tasche, deren Oberseite mit roten und weißen Flamingofedern dekoriert worden ist, befinden sich aromatische Flamingofedern, in fünf kleinen Beuteln aus Tierdärmen Haarlocken, Zähne und abgeschnittene Nägel. Die weiteren Gaben bestehen aus einer goldenen Lamaminiatur und einem weiteren kleinen Lama aus Spondylusmuschel, die aus dem tropisch-warmen Ecuador stammen muß, und einem zehn Zentimeter hohen Mädchenfigürchen mit Kolibri-Kopfputz, das in die winzige Tracht einer Inka-Prinzessin gekleidet ist.

Wer beschreibt die Gefühle der drei chilenischen Glücksritter, die, angetrieben vom Hörensagen über Inka-Gold auf einsamen Gipfeln, sich im Februar 1954 instinktsicher den majestätischsten aller Schneegipfel bei Santiago ausgesucht hatten und im ersten Gipfelsturm unverhofft diesen archäologischen Schatz fanden? Ein Rechteck aus Steinen mit einem Tumulus von eineinhalb Metern Höhe in der Mitte ließ sie ihr Glück ahnen. Atemlos trugen sie die Steine vom Grab ab, wälzten den Deckstein beiseite und blickten beinahe erschrocken auf das in seiner nur einen Meter tiefen Grube wie schlafend wirkende Kind ...

Es war wirklich ein Segen für die Wissenschaft, daß die Männer ihre Entdeckung dem Museum für Naturgeschichte in Santiago anboten und deren Leiterin, Grete Mostny, die nicht geringen Forderungen schnell zu erfüllen trachtete. Jedermann weiß, wie schwer sich Museen mit ihrem Etat sonst tun. Privaten Sammlern wäre der Fund einen Millionenbetrag wert gewesen. Ein amerikanischer Zirkus zum Beispiel erwarb die Mumie eines Inka-Bergmanns und zog damit herum. Ein ähnliches Schicksal ist dem Kind erspart geblieben, obwohl ich mir auch eine bessere Lösung vorstellen könnte als die eines gläsernen Kühlschranks, in dem der Inka-Prinz jetzt von allen Seiten bestaunt werden kann. In meinen Augen wäre diese Lösung eine vollständige Rekonstruktion der Opferstätte im Anschnitt, ergänzt durch großformatige Aufnahmen vom archäologischen Schauplatz hoch über Santiago.

Forschungsprogramm für eine Mumie

Doch auch so legt das Kind sehr beredt Zeugnis ab von der Zeit, in der es lebte. Es ist nach einem Wort des Paläopathologen Patrick D. Horne die „besterhaltene Mumie der Welt".

Um mehr darüber zu erfahren, flog ich 1983 von Arica nach Santiago hinunter. Ich hätte mich besser auf die weite Reise vorbereiten sollen, denn als ich das Museum besuchte, war der gläserne Sarg leer. Seit dem 29. Juni 1982, erfuhr ich enttäuscht von der Kustodin Silvia Quevedo, war ein sechs Wochen dauerndes, umfangreiches Untersuchungs- und Konservierungsprogramm im Gange, das durch die UNESCO finanziert wurde. Die Verantwortung dafür lag in den Händen der Paläopathologischen Gesellschaft. Das interdisziplinäre Team wurde durch Silvia Quevedo und Patrick D. Horne koordiniert und geführt.

Frau Quevedo zeigte Herz, als sie mein langes Gesicht sah und von meiner langen Reise hörte. Sie holte in ihrem Arbeitszimmer einen Kasten mit Dias herbei, in denen der Hergang der wissenschaftlichen Arbeiten festgehalten war, und sie erzählte mir von den Ergebnissen, die sie bis dahin erbracht hatten.

Man hatte den Körper entkleidet und gewogen, hatte die Zahnentwicklung und Kalzifikation studiert, man hatte Röntgengerät und Cat-Scanner eingesetzt, der Haut und dem Körper Proben entnommen, ihn sorgsam „gebadet" und schließlich, samt Kleidung, konserviert.

Was die Wissenschaftler bei ihrer Arbeit herausfanden, war so aufregend, daß auch Frau Quevedo ihre Begeisterung nicht verhehlen konnte, als sie mir davon erzählte. Die Untersuchungen sollten Auskunft darüber geben, wie das Kind zu Tode gekommen, in welchem Alter es dort oben auf dem Cerro El Plomo umgebracht worden war, unter welchen Krankheiten es gelitten haben könnte und in welchem Erhaltungszustand sich der Körper genau befand: „Als wir eine Gewebeprobe untersuchten", schwärmte die Anthropologin, „stellten wir fest, daß sie noch weich war und sich die Zellstruktur in einem außergewöhnlich guten Zustand befand. Unter dem Elektronenmikroskop sah sie aus wie die Hautprobe eines heutigen Menschen in einer dermatologischen Klinik."

Zusammen mit der Studie von Grete Mostny, die schon dreißig Jahre zuvor beim Empfang der Mumie mit den begrenzten Mitteln der damaligen Zeit durchgeführt worden war, fügten sich die neuen Erkenntnisse zu einem Bild großer Plastizität.

Der Junge war acht oder neun Jahre alt, als er auf dem Cerro El Plomo geopfert wurde. Keine äußere Verletzung ließ auf einen gewaltsamen Tod schließen. Auch eine tödliche Erkrankung schied aus. Er mußte noch am Leben gewesen sein, als er von den Priestern in sein eisiges Grab gelegt wurde, sonst hätte er seine rechte Hand, die unversehrt ist, nicht mit der linken, die blaugefroren ist, zu schützen gesucht. Für einen Tod durch Erfrieren und ohne Qualen dürften sie ihm einen starken, betäubenden Trank bereitet haben. Vermutlich war das Kind danach sanft eingeschlafen und nicht wieder aufgewacht. Die Wissenschaftler fanden einen Fleck auf seiner Kleidung, der möglicherweise auf ein ungewöhnliches Getränk schließen ließ, doch als sie eine Leberbiopsie durchführten, konnten sie keine Probe unverdauter Nahrung gewinnen, die diese Theorie erhärtet hätte.

Dagegen meldete der mit der Arbeit am sogenannten Cat-Scanner betraute Mario Corales sehr gut erhaltene, wenn auch eingeschrumpfte Organe. Mit dem Verlust an Flüssigkeit war auch erheblicher Gewichtsverlust eingetreten. Das Kind wog nur noch 10,62 kg und wirkte dennoch fettleibig.

Als man im übrigen durch Skalpellschnitt in das Gewebe unter der Haut eindrang und den einzigartig gut erhaltenen Zustand der Proben feststellte, beschloß man, während der Biopsie der Organe die Fenster zu schließen, um Erreger fernzuhalten.

Selbst der gehegte und gepflegte kleine Junge hatte im übrigen zu Lebzeiten schon an den typischen Heimsuchungen seiner Zeit gelitten. Unter der 180 000fachen Vergrößerung des Elektronenmikroskops entdeckten Wissenschaftler auf einer Hand des Kindes einen Virus, und dies zum erstenmal auf einer Mumie. Die Jahrhunderte hatten ihn nicht zerstören können.

Silvia Quevedo und Patrick D. Horne schrieben einen modernen diagnostischen Bericht nieder – eine merkwürdige Situation, galt der Befund doch einem Menschen, der schon 500 Jahre tot gewesen war. In der Arbeit hieß es weiter: „Acht geschwürartige Verletzungen wurden auf dem Körper festgestellt, alle auf den unteren Gliedmaßen. Die Geschwüre hatten einen halben bis einen Zentimeter Durchmesser, sich klar abzeichnende Begrenzungen und waren mit einem fibrinösen Gewebe bedeckt. Mikroskopische Untersuchungen offenbarten das Vorhandensein von zahlreichen ausgedehnten Gefäßen, die mit einem gleichartigen Material mit rotem Farbstoff gefüllt waren ...“[1] Und so fort.

Verwegene Schlüsse, die Patrick D. Horne wohl anregte, die er als Wissenschaftler aber so dann doch nicht mehr recht vertreten wollte, hat später ein Journalist aus dem paläopathologischen Befund gezogen. Die Entdeckung von Läuseeiern im Haar des Kindes und ein Vergleich dieser mit asiatischen Läusen könnte die Theorie von der Einwanderung des Menschen über die Beringbrücke bestätigen, die einst Asien mit Nordamerika verband. Ja, und die Entdeckung des Virus auf der Hand des Kindes sollte – immer vorausgesetzt, das Opfer sei vor dem Jahr 1540 dargebracht worden – den Mythos aus der Welt schaffen, die Spanier hätten alle Viren aus der Alten Welt mitgebracht.

Einmal, so müßte man wohl erwidern, ist das in dieser Form nicht behauptet worden, zum andern ist der Mythos durch die Entdeckung auch nicht widerlegt; denn schon nach den ersten zaghaften Landgängen der Spanier in Südamerika, und zwar 1524 und 1527 bei Manta an der Küste Ecuadors, siegten im fernen Tomebamba, der Inka-Residenz, die ersten Seuchen Europas vermutlich über den Gottkaiser Huayna Capac und sein Gefolge. 200 000 seiner Untertanen sollen auch der „rätselhaften Krankheit“ erlegen sein. Der vorzeitige Tod des kriegserprobten Herrn und die darauf folgende Aufteilung des Reiches unter die beiden Söhne bereiteten dann dem Eroberungszug Pizarros den Boden vor.

Noch aber ist es nicht soweit. Noch herrschen zwischen dem ersten Breitengrad nördlich des Äquators und dem 37. Breitengrad im Süden das Gesetz und die Religion der Inka. Und es ist deren allmächtiger Sonnengott, der nach den Chroniken zum Capac Racmi Kinderopfer verlangt. Nicht etwa nur die Kinder geringer Eltern werden im ganzen Land dafür ausgesucht, sondern auch Kinder von Noblen, auf jeden Fall Kinder von schönem Wuchs und edlen Zügen.

Ein Dokument aus dem Jahr 1622 berichtet von einem kleinen Mädchen, „unbeschreiblich schön", das aus der Ortschaft Ocros in Peru für das Opferfest ausgesucht wurde. In der Hauptstadt Cuzco wurde das Kind königlich behandelt, gefeiert und dann nach Ocros zurückgebracht, wo es auf einem hohen Berg lebendig begraben werden sollte. Als die abschließende Zeremonie nahte, soll das Kind gefaßt zu den Priestern gesprochen haben: „Ihr könnt nun ein Ende mit mir machen. Nichts hätte mich mehr ehren können als das Fest, das sie in Cuzco für mich gefeiert haben."

Der Vater des Mädchens wurde nach dem Opfer Kazike, also Oberhaupt, des Ortes und betrachtete die Wahl seines Kindes immer als Auszeichnung. Eine solche Haltung sollen viele Eltern eingenommen haben, wenn im ganzen Land für die Hauptstadt und die Heiligtümer in allen Teilen des Reiches die Kinder ausgesucht wurden. Doch wer weiß schon, welche Gefühle, welche Zweifel und Tragödien Eltern mit der Aussicht durchlebten, daß ihrem Kind das Herz aus der Brust gerissen oder mit einem Stein das Genick gebrochen werden sollte — zu wessen Ehre auch immer! Das noch humanste Opfer, nämlich das Begräbnis im ewigen Eis bei lebendigem Leibe und betäubt durch Alkohol, soll Brauch im Colla Suyu, im Süden des großen Reiches, gewesen sein.

2 000 km, glaubt man, sind die Priester mit ihrem Opfer durch das Land gezogen, um es zum Berg Cerro El Plomo zu bringen; denn der Tracht nach hatte das Kind im südlichen Altiplano der heutigen Staaten Bolivien oder Chile gelebt. Es könnte auch, wie das zehnjährige Mädchen aus Ocros, in Cuzco vorbereitet worden sein und dort die Kleidung empfangen haben. Seine Kleidung läßt nach anderen Funden und Zeugnissen jedenfalls auf die Santiago de Chile so fernen Landschaften schließen.

Die Anfänge der Gipfelarchäologie

Mit dem Namen eines anderen Berges, des Quehuar in Argentinien, ist eine herbe Enttäuschung für die Wissenschaft verbunden. Der Gipfel dominiert über alle anderen Berge der Salzebenen in Argentinien, und nahe seinen Ausläufern liegt eine alte Inka-Straße. In den Ortschaften am Fuß des Vulkans erzählte man sich eine alte Geschichte, nach der, im ewigen Eis seines Gipfels eingefroren, ein blonder Junge inmitten eines Schatzes aus Gold und Silber throne.

Die Geschichte kam dem Argentinier Antonio Beorchia zu Ohren, der ihr 1974 mit einer kleinen Expedition auf den Grund ging. Und tatsächlich, in über 6800 m Höhe sahen sich die Bergsteiger vor einer Treppe, die zu einer Plattform hinaufführte, auf der ein in typischer Inka-Bauweise sorgsam gemauerter Turm stand. Wie die Legende erzählte, „thronte" darin ein Mensch. Sein Kopf aber war abgerissen.

Der Körper steckte leider von den in einen Inka-Schal gehüllten Schultern an tief im Eis, das ihn nicht freigeben wollte. Alle Versuche, den Toten aus dem Eis zu lösen, schlugen fehl. Beorchia beschloß, später mit entsprechender Ausrüstung wiederzukommen. Doch er sollte zu spät kommen.

Als er sich im Jahr 1981 erneut durch ein mehr als meterhohes Schneefeld zu der alten Opferstätte vorgearbeitet hatte, sah er diese zerstört. Von der Mumie fanden er und sein Partner nach sorgfältiger Suche nur noch ein Ohr, Stücke des Schädels und einige Wirbel. Das Heiligtum war mit Dynamit einfach in die Luft gesprengt worden. Schatzsucher waren Beorchia zuvorgekommen.

Andere hatten mehr Glück, zum Beispiel im Jahr 1974 der Direktor einer Tageszeitung in der Stadt San Juan im nordwestlichen Argentinien, als er, vermutlich inspiriert durch den Fund bei Santiago, eine Expedition, die aus Bergsteigern und – für Nachrichten aus erster Hand – auch bergerprobten Reportern bestand, auf den Cerro El Toro schickte. Zum Glück war auch ein Archäologe, der in der Schweiz geborene Juan Schobinger, und damit zum erstenmal ein Wissenschaftler unter den Männern der ersten Stunde.

Wieder war ein Steinkreis um das Opfer herum errichtet worden. Wieder blickte man auf einen Menschen aus der Inka-Zeit, der wie schlafend und in der Position eines Babys im Mutterleib in seinem Grab hockte, den Kopf mit den so lebendig erscheinenden Zügen an die Schulter gelehnt.

26

Aber einiges war hier doch anders: Man suchte vergebens nach wertvollen Beigaben, wie sie bei hochrangigen Opfern zu finden waren. Der Tote trug die typische Wollmütze der Altiplano-Bewohner, und er war, wie sich bald herausstellte, auch gut acht Jahre älter als das Opfer vom Cerro El Plomo. Sollten die Inka auf diesem Berg einen feindlichen jungen Krieger geehrt haben, indem sie ihn in einem Ritual, bei dem das Opfer singen, tanzen und eine Litanei hersagen mußte, töteten? Obwohl auch dieses Opfer einen friedlichen und entspannten Gesichtsausdruck hatte, sahen die Männer, daß der junge Indianer durch eine Wunde in seinem Nacken zu Tode gekommen war.

Auch diese Mumie bekam ein eisiges Grab hinter Glas. Der Zeitungsmann Francisco Montes schenkte sie einem eigens dafür errichteten Museum bei San Juan. Im Lauf der Jahre wurden noch auf anderen angesehenen Bergen der Anden Mumien gefunden, zuletzt im Januar 1985 auf dem majestätischen Anconcagua.

Die Opfer und die Fundumstände stärken die Hypothese von einer Götteridee, in die sich Andenvölker des Inka-Imperiums eingebunden fühlten. Nur, in welche? In die des Inka-Sonnengottes? Zu vieles spricht dagegen.

Zu den Deutungen, die sich innerhalb der Grenzen der Vernunft bewegten, mischten sich erwartungsgemäß auch Stimmen bei, die die Geopferten in Verbindung mit den Außerirdischen bringen wollen ...

Die höchstgelegenen Bauten der Welt

Man muß wohl zugleich Bergsteiger und Anthropologe und aus dem Eisenholz eines Johan Reinhard geschnitzt sein, will man den Berggöttern, ohne dabei Schaden zu nehmen, näher kommen. Ich treffe den hageren, deutschstämmigen Amerikaner, der in Wien Völkerkunde studiert, acht Jahre in Neapel gewohnt hat und dort auch Mitglied der erfolgreichen amerikanischen Mount-Everest-Expedition von 1976 gewesen ist, eines Morgens im Städtchen Pisac im Urumbamba-Tal, wo ich mit einem Kamerateam des Zweiten Deutschen Fernsehens eine Zeremonie mit Muschelbläsern filme, die auch ihn angelockt hat. Johan Reinhard erzählt mir von Heiligtümern, die er in über 6000 m Höhe gefunden habe. Gutgebaut, erfahre ich, liegen solche Stätten auf dem Llullaillaco, an der Grenze zwischen Chile und Argentinien, 20 m unter dem 6739 m hohen

Gipfel, oder als einfache, steinerne Halbkreise auf dem Mercedario in Argentinien findet man sie in 6 740 m Höhe. Nirgendwo sonst in der Welt gibt es archäologische Stätten in derartigen Höhen.

In einigen Ruinen sind Gold- und Silberstatuen gefunden worden, die winzige Kleidungsstücke tragen. Die Textilarbeiten sind so fein, als hätte man sie mit der Maschine angefertigt.

Bis um die Mitte des 19. Jahrhunderts war es ein Ereignis, wenn Bergsteiger Höhen von 4 000 bis 6 000 m meisterten. Und dann soll es Leute gegeben haben, die zuvor weit höher aufgestiegen waren und auch noch Mauern, Stufen und Plattformen errichteten? „Wer", frage ich meinen neuen Gesprächspartner am Abend in Cuzco, „mag in solchen Höhen die physische Kraft zu solchen Bauten besessen haben? Und aus welchen Motiven mögen die Menschen vor Jahrhunderten diese steinernen Strukturen auf die höchsten Gipfel gesetzt haben?" Johan Reinhard kann mir diese Fragen zum Teil beantworten. In einer langen Nacht erfahre ich zunächst, wie er selbst auf diese Fragen gestoßen ist und wie ihm die Arbeit daran zur Aufgabe geworden ist.

Im April 1980 fällt Johan Reinhard in Santiago de Chile zufällig das Büchlein „Licancabur 1977" in die Hände, und er liest in diesem Expeditionsbericht von archäologischen Resten auf dem 5 921 m hohen Vulkan. Er ist von dem Thema wie elektrisiert. Er ist Bergsteiger und hat als Anthropologe ein besonderes Interesse an Religionen. Das Büchlein bestärkt ihn in dem Wunsch, die extremen Höhen der Anden zu erforschen. Was seine Aufmerksamkeit sofort erregt, sind Berichte über archäologische Funde in 6 700 m Höhe. Auch von der Mumie auf dem Cerro El Plomo erfährt er. Wissenschaftler, stellt sich in den meisten Fällen heraus, sind aber selten mit von der Bergpartie gewesen. Seine ersten „Expeditionen" gehen in die Archive der Universitäten.

Ende April bricht Johan Reinhard von Santiago de Chile zu seiner ersten Forschungstour nach San Pedro de Atacama auf, das im Norden am Fuße jenes Vulkans Licancabur liegt, dem die Expedition von 1977 gegolten hat. Zusammen mit dem Deutschen Rolf Pfaffelberger macht er sich an den Aufstieg. Die Route, die er auswählt, ist technisch zwar nicht schwer, das Gestein ist aber so lose, daß die Tour die beiden mächtig anstrengt. Am Ziel angekommen, erwartet sie herbe Enttäuschung. Die Ruinen, die sie vorfinden, sind nicht gerade beeindruckend: sie sind nur niedrig und sehr einfach strukturiert. Später erst soll Johan Reinhard ihre Bedeutung erkennen.

28

Ehe er diese Frucht der Erkenntnis ernten kann, muß er freilich noch viele Berge ersteigen und so manche Enttäuschung hinnehmen. Nach seiner Rückkehr nach San Pedro zum Beispiel erzählt man ihm Legenden über Opfergaben, die von Inka-Priestern in den Kratersee des Berges geworfen worden seien. Wieder ersteigt er die 5850 m, und als er in das eiskalte Wasser des Kratersees taucht, findet er außer Krebslarven nichts.

Mit einer Dynamik, die man wohl nur dann zu entwickeln fähig ist, wenn man sich trotz aller Enttäuschung auf einer heißen Spur glaubt, erforscht Johan Reinhard innerhalb der nächsten eineinhalb Jahre mehr als ein Dutzend Fünf- und Sechstausender. Mit dem Argentinier Beorchia besteigt er den Misti bei Arequipa und mit der Kollegin Ana Maria Barón zweimal den Licancabur. Mit dem Archäologen George Serracino unternimmt er Probegrabungen auf dem Paniri-Gipfel. Er erklettert den Miscanti bei der Ortschaft Socaire und bald darauf den Chiliques, wo er ein typisches Inka-Tambo fotografieren kann.

Das Tambo besteht aus mehreren Mauern, die sehr gut erhalten sind. Sogar die Dachbalken liegen noch über einem Teil der Mauern, und der Boden ist reich an Keramik. Solch ein Tambo wurde zur Inka-Zeit als Raststätte benutzt, und diese – vermutet Reinhard – diente den Pilgern, die auf den Berggipfel wollten, als Schutz.

Der nächste Berg heißt Lejia. Er hat aber außer bitterer Kälte wenig zu bieten. Auf dem Tumisma-Gipfel, nahe dem Dorf Camar, findet Reinhard nur Feuerholz. Ruinen dagegen entdeckt er wieder auf dem Sairecabur und dem Curiquenca. Alle diese Gipfel liegen in den chilenischen Anden oder, wie die beiden letztgenannten Berge und auch der Licancabur, an der chilenisch-bolivianischen Grenze.

In Argentinien sucht Reinhard auf dem Aconcagua nach Guanaco-Knochen, die Berichten zufolge dort an bestimmter Stelle liegen sollen. Doch zwingt ihn nach der Eroberung des 6959 m hohen Gipfels ein Schneesturm zur Umkehr. Auf dem Quehuar, den er erst allein, dann zusammen mit Antonio Beorchia besteigt, findet er von einer Mumie das Ohr und Reste des Schädels. Schatzjäger sind den beiden Männern zuvorgekommen und haben die Mumie mit Dynamit zerstört. Von dem Opfer auf dem Quehuar geht im Land am Fuße des Berges eine Geschichte um, von der später noch die Rede sein soll.

Am Ende seiner ersten Unternehmungen hat Johan Reinhard 12 000 Dollar ausgegeben, in Peru durch Diebstahl seine ganze Ausrüstung und seine Notizen verloren. Trotzdem fühlt er sich reich entschädigt, hat er doch nicht nur eine Anzahl archäologischer Stätten auf dem Dach der Anden entdeckt, sondern auch als erster die Geheimnisse ihrer Bedeutung gelüftet.

Der geheimgehaltene Glaube

Anfangs sieht es gar nicht so aus, als sollte Johan Reinhard bei seinen Exkursionen ins weite Feld der Theorie Glück haben: „Ich fand", erzählt er mir in Pisac, „zunächst nur die Erklärung, nach der Inka-Priester während der Opferzeremonien der Sonne hatten näher sein wollen. Sie befriedigte mich nicht, da Sonnenopfer auch an niedriger gelegenen Stätten dargebracht worden waren. Irgendwie fühlte ich, daß im Glauben der Indianer die Berge selbst eine Schlüsselrolle gespielt haben müssen."
Im Museum von San Pedro de Atacama findet Johan Reinhard Ende April 1980 das erste Stück des Puzzles, bei dem es sich um eine Überlieferung von Legenden handelt. Danach sollen die Inka Statuen als Opfer in den Kratersee des Licancabur geworfen haben. Als er einige Monate später von der Ortschaft Socaire aus in Chile den Miscanti und den Chiliques besteigen will, begegnet er einem Studenten, der die noch unveröffentlichte Forschungsarbeit des Inka-Experten Tom Zuidema bei sich hat. Von Bergen liest er darin, die die Bauern der Umgebung von Socaire verehrten, weil sie von ihnen Wasser erhofften. Und jetzt ahnt er, daß diese Verehrung etwas mit den Opferstätten auf den Gipfeln zu tun haben müsse. Die Information besagt weiter, daß die Berge immer noch verehrt werden. Und jene Berge, die heute noch von Bedeutung sind, könnten erst recht in der Vergangenheit wichtig gewesen sein — eine erste Annäherung an das Forschungsgebiet! Und bald darauf gelingt auch eine vorsichtige Annäherung an den geheimgehaltenen Glauben der Bauern von Socaire.
Johan Reinhard kommt mit einem Mann ins Gespräch, der mit einer Maultierkarawane unterwegs ist. Er erfährt, daß in der ganzen Umgebung der Chiliques als die bedeutendste Berggottheit verehrt wird. Kurz darauf beginnt in Socaire das Opferfest, das diesem Berg gewidmet ist.
Die Einwohner schirmen das Fest indessen so ängstlich gegen die Außenwelt ab, daß Johan Reinhard es nicht miterleben kann, denn die Indianer halten ihre alten Glaubensreste weitgehend geheim. Weder wollen sie die Überlieferung mit anderen teilen, noch wollen sie sich diese durch die Christen zerstören lassen.

Der Forscher kommt trotz der Zurückhaltung der Leute von Socaire mit seiner Suche nach den Berggöttern weiter. Der Tübinger Wissenschaftler Thomas Barthel hat nämlich schon im Jahr 1959 „Ein Frühlingsfest der Atacameños" geschildert. Reinhard wird auf diese Schilderung aufmerksam, und was er darin liest, fügt sich mit seinen eigenen Untersuchungen jetzt zu folgendem Bild: Alljährlich opfern die Leute von Socaire im Frühling beim Reinigen der Bewässerungskanäle für ihre Felder in einer geheimen Zeremonie einem Stein, der den Chiliques-Berg repräsentiert. Die Bauern wissen nichts davon, daß ihre Vorfahren auf seinem Gipfel Opferstätten errichtet haben, die Johan Reinhard gefunden hat. Nur in ihren Legenden wird von einem Kratersee und von Ruinen auf seinem Grund erzählt. Vom Chiliques kommt das meiste Wasser, und deswegen spielt er in der Zeremonie die Hauptrolle.

Bei dem Fest werden aber noch 19 Berge der näheren Umgebung angerufen, den Regen, der auf sie fällt, zum Chiliques zu senden, damit er genügend Wasser für die Felder von Socaire spenden kann. Ein Priester und seine Assistenten opfern draußen vor dem Dorf Alkohol, Getreidemehl, Lamafett, Cocablätter und Federn. Der Alkohol wird ausgegossen, die anderen Gaben werden verbrannt, und dabei werden die Erdmutter Pachamama, die Ahnen, die Berge und andere Wasserquellen angerufen. Nach dem Opfer findet sich das Dorf zu einem Gemeinschaftsmahl, zu Tanz und Gesang zusammen. Die Gesänge in der uralten Indianersprache Kunza handeln von den Wasserspendern und dem Wachstum der Pflanzen, die zur Nahrung dienen.

Auf seinen weiteren Forschungsreisen findet Johan Reinhard immer neue Beweise dafür, welchen Rang die Berge im Pantheon der Indianer noch immer einnehmen. In Bolivien zum Beispiel werden die Bäche, die von den Gipfeln herunterkommen, als Arme der Berge angesehen. In manchen Gegenden nehmen die Berge nach dem Glauben der Einheimischen auch Tiere als Mitarbeiter in den Dienst. Füchse, heißt es da, seien die Hunde der Berggötter, die Pumas ihre Kätzchen, die Kondore ihre Küken. Bei solcher Betrachtungsweise ist es nur noch ein kleiner Schritt zu der Vorstellung bolivianischer Indianer, der Berg Illampu sei in den Titicaca-See verliebt.

Weit verbreitet ist nach Johan Reinhards Entdeckungen auch die Idee, daß die Berggötter mit ihrer Macht über Regen, Hagel, Frost, Donner und Blitz nicht nur Leben fördern, sondern auch zerstören. Ihr Zorn wird daher gefürchtet. Noch immer herrscht zum Beispiel bei Cuzco und Arequipa die Ansicht, die Berggötter überwachten regelrecht das Verhalten der Menschen und handelten als Richter über Gut und Böse. Die ganze Gipfelgesellschaft ist auch in Starke und Schwache aufgeteilt. Man glaubt, sie hätte ihr eigenes politisches System, in dem es einen Gouverneur, einen Hilfsgouverneur, einen Richter und andere Würdenträger gebe. Ja, es stehe sogar, meint man, irgendwo ein Gefängnis für unbotmäßige Berggötter. Diese sehr nach dem spanischen Regierungsapparat orientierten Vorstellungen finden sich nur in der näheren Umgebung der beiden alten spanischen Machtzentren im Gebirge, Cuzco und Arequipa. Anderswo gelten andere Hierarchien.

Den meisten gemeinsam aber ist anscheinend die Anschauung, daß den höchsten Bergen auch die größte Verehrung zuteil werden müsse. Ragen diese sehr fern am Horizont empor und ist die Reise zu ihnen beschwerlich, so kann man ihnen offenbar auch von niedrigeren Bergen aus opfern. Dieses Opfer ist auch Alten, Kranken oder sonst verhinderten Menschen möglich. Den großen Bergen opfern diese durch Repräsentanten an herausragenden Festtagen, während sie im Alltag öfter von kleineren Bergen in der Nähe aus in Richtung der großen Berge Opfer darbringen.

Ranggleiche Berge gibt es ebenfalls. Für die Bauernsiedlungen einer bestimmten Region in Nordchile erheben sich vier ranggleiche Berge, der Licancabur, der Juriques, der Sairecabur und der Curiquica in unmittelbarer Nachbarschaft zueinander, und alle vier Gipfel sind von Ruinen gekrönt. Was mögen die vier den früheren Menschengemeinschaften bedeutet haben?

Wettergeschehen und Wasserkult

Die noch lebendige Vorstellung der indianischen Bauern, die Berge kontrollierten den Regen, sind von den Naturgesetzen gar nicht so weit entfernt, und wir müssen uns diese hier vor Augen führen, wenn wir die Sorge der alten und der heutigen Indianer um die Fruchtbarkeit ihrer Felder verstehen wollen.

Das Bild üppig-grüner Felder täuscht. In den Anden ist Dürre mehr verbreitet als üppiges Grün, und dafür gibt es Gründe.

Aus dem Norden, aus Ecuador und Kolumbien, haben wir noch fruchtbare Hochtäler und sogar Wälder an den Berghängen der pazifischen Küste in Erinnerung. Je weiter wir aber die Küste entlang nach Süden

Die Ruinenstätten Perus und alle gehobenen Schätze Alt-Amerikas könnten kaum faszinierender sein, als es die Begegnung mit dem „Inka-Prinzen" vom Cerro El Plomo im Museum für Naturgeschichte von Santiago de Chile ist. Fast 500 Jahre scheinen an diesem Kind vorübergegangen zu sein wie ein Tag. Die Entdeckung seines eisigen Grabes auf dem Berg stand am Beginn eines neuen Forschungsabenteuers.
Foto: Museum für Naturgeschichte, Santiago

Im Angesicht des El-Plomo-Gipfels und der scheidenden Sonne wurde das Inka-Kind geopfert. Im Vordergrund eine Plattform in 5200 m Höhe.
Foto: Johan Reinhard

Biwak des Anthropologen Johan Reinhard am Rande des Eises auf dem Cerro El Plomo.
Foto: Johan Reinhard

Johan Reinhard in einem von ihm entdeckten „Windbrecher" auf dem Llullaillaco. Mit 6700 m Höhe ist dies die bisher höchstgelegene archäologische Fundstätte der Welt. Innerhalb der Ruinen befanden sich Holz, Stroh, eine hölzerne Schaufel, Keramik und Textilien. In der Nähe liegt eine Plattform, auf der vermutlich geopfert worden ist. Ein Inka-Pfad führt bis zu einer Höhe von 6650 m. Er ist die wohl höchstgelegene Straße der Welt. In dem „Windbrecher" haben die Indianer gelagert und die Nacht verbracht.   Foto: Robert Blatherwick

Die Indianer haben Feldbau-Terrassen, Wege, Straßen, Festungen in den schwierigsten Hängen angelegt. Vieles wurde im Laufe der Jahrhunderte entdeckt. Die Heiligtümer auf den höchsten Erhebungen aber blieben bis in die jüngste Zeit verborgen. Wie für vieles müssen die Inka auch Spezialisten zur Erkundung der günstigsten Gipfelrouten unterhalten haben.
Foto: Johan Reinhard

Die Steineinfassungen eines weiträumigen Inka-Tambos auf dem Berg Licancabur in 4600 m Höhe.
Foto: Baron/Reinhard

Derbes Horstgras bestimmt das Bild der zwischen 3300 und 4000 m hohen Trocken-Puna zwischen den Gebirgsketten im Süden Perus mit ihren Salzseen und Salzsümpfen. Menschen, Tiere und Pflanzen müssen hier lange regenlose Wochen durchstehen.
Foto: Peter Baumann

Unten: Die Bäche, die von den Bergen herabrauschen, werden an manchen Orten als „Arme" der Berggötter angesehen. Doch längst nicht überall fließt das Wasser so reichlich wie in dieser Landschaft Nordperus, in der Feucht-Puna.
Foto: Peter Baumann

reisen, desto mehr ändert sich das Bild. Und wenn wir etwa bei Trujillo die Küste Perus sehen, dehnt sich vor unseren Augen eine kahle Wüstenlandschaft aus, die durch ebenso nackte Berge begrenzt wird. In Guayaquil, der Hafenstadt Ecuadors, haben wir noch ein feuchtheißes Klima erlebt. Aber hier, in Perus Norden, ist die Luft kühl, obwohl das Gebiet doch immer noch zu den Inneren Tropen gehört. Dieser Kontrast wurde durch die kalte, aus der Antarktis stammende Oberflächenströmung verursacht, die seit 1837 Humboldtstrom heißt. Der Strom, dem die südamerikanische Küste eine der reichsten Nahrungsketten der Welt — vom Plankton über die Fischschwärme bis zu den Vogelkolonien der Guanay-Vögel — verdankt, ist zugleich der Grund für die extreme Pflanzenarmut des Küstenlandes; denn durch die Meereskälte wird die Atmosphäre so abgekühlt, daß pazifische Regenwolken sich über der See ergießen, bevor sie das Land erreichen. Erst in Ecuador versiegt die Kraft des Humboldtstromes. Eine um zehn Grad wärmere Gegenströmung, der Äquatorialstrom oder Niño, bedrängt den Humboldtstrom, löst die Kältebarriere auf und sorgt an der Küste für Regen.

Zurück nach Peru! Dort erreicht für die längste Zeit im Jahr nur feiner, kalter Nebel, den die Peruaner Garua nennen, die Küste und wallt bis zu einer Höhe von etwa 800 m die Kordillerenhänge empor.

Von dieser Nebelwolke zehren die wenigen Pflanzen, die den schwierigen Lebensbedingungen angepaßt sind. Da sind die Tillandsien, die in den Telegraphendrähten schaukeln, oder die wurzellos auf dem Boden aufliegenden Wüstentillandsien, die mit feinen Schuppen an ihrer Oberseite wie Löschpapier die Feuchtigkeit aufsaugen. In der Gesellschaft dieser Bromelienarten leben Kakteen, die ihre Poren nur nachts öffnen, wenn die Sonne ihnen nichts anhaben kann, um Kohlendioxid (CO_2) aus der Luft aufzunehmen, die sie für den Stoffwechsel benötigen. Andere Wüstenpflanzen bilden die sogenannte Loma-Vegetation. Das sind kugelwüchsige Bäume und Sträucher sowie Kräuter und Stauden, die nur in den Nebelmonaten gedeihen. Alle diese Pflanzen können aber auch längere Zeit hindurch, ohne Schaden zu nehmen, eine Ruhepause einlegen. Die Menschen, die hier im Alten Amerika pflanzten, konnten es nicht: sie mußten ihr Land bewässern.

In der Hochebene Perus kommt es auf die Jahreszeit an, ob wir ihr Pflanzenkleid verschlissen und graugelb-verwaschen vorfinden oder dicht gewebt und in satten Farben. Das Landschaftsbild ist charakterisiert durch die von Norden nach Süden immer mehr abnehmenden Nieder-

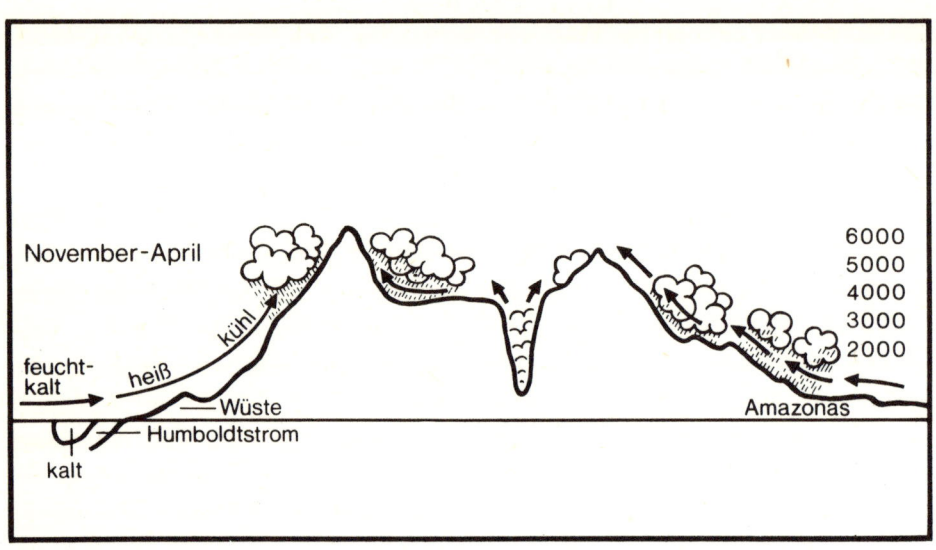

November-April

feucht-
kalt
heiß
kühl
Wüste
Humboldtstrom
kalt

6000
5000
4000
3000
2000

Amazonas

Der Feldbau der Indianer in den Zentralanden muß zwischen der West- und der Ostkordillere die regenarme Zeit überstehen. Sie dauert vom Mai bis zum Oktober, wenn der Südwinter herrscht. Die regenreichere Zeit beginnt im November und dauert den Südsommer über bis April. Die Graphik nach Werner Rauh veranschaulicht den vom Humboldtstrom beeinflußten Wetterablauf, der den indianischen Bauern im Alten Amerika große Sorgen bereitete.

schläge. Die Ost- und die Westkordillere bestimmen das Wettergeschehen und natürlich der Humboldtstrom. Er läßt nur Nebel zu den Hängen der Westkordilleren vordringen. Die Ostkordilleren fangen dagegen die vom Amazonasgebiet her aufsteigenden Regenwolken ab.

So gehört das Land zwischen den Gebirgssträngen im Norden Perus, wo Cajamarca und Chavín de Huántar liegen, zur Feucht-Puna. Während des Südsommers, der von November bis April dauert, erhält die Vegetation hier immerhin bis zu sieben Monaten Regen, der oft auch als Schnee fällt. In der sich anschließenden Trocken-Puna, in der Cuzco liegt, erlebt die Vegetation nur bis zu sechs Regenmonaten. Hier ist der Pflanzenwuchs auch schon schütter. Stacheliges Horstgras, dickfleischige Agaven und lederhäutige Aloepflanzen überstehen auch die regenlose Zeit. In der Wüsten-Puna dann, in der Nazca liegt, fällt nur an wenigen Tagen Regen. Polsterpflanzen bewahren dort ihre Feuchtigkeit durch engstehende Triebe. Zwergsträucher wehren sich gegen die Verdunstung und das starke UV-Licht durch harte Haut und winzige Blätter, die der Sonne kaum Fläche zuwenden. Auch Wollkakteen prägen die Puna-Vegetation mit.

38

Die Bolivianer nennen die Hochebene zwischen den Bergketten Altiplano. Die Lebensbedingungen dort hat Carl Troll schon vor Jahrzehnten treffend skizziert: „... Terrassiert wie deutsche Weinberge ziehen an den Hängen um den Titicaca-See die Felder empor, die Erträge an Gerste, Kartoffeln ..., ja selbst Weizen und Mais liefern. Mit sattgrünen Kronen heben sich um die Gehöfte Quenua- und olivenblättrige Quishuara-Bäume von der sonst baumlosen Landschaft ab. Auf den kahlen Bergen über der Ackerbauzone und in den gelben Steppen der Niederungen hüten spinnende Indiofrauen oder flötenspielende Kinder die Herden von Schafen und Lamas. Ungemein dicht sitzt in den fruchtbaren Winkeln die Indianerbevölkerung ..., besonders dicht dort, wo künstliche Bewässerung eine intensivere Kultur ermöglicht. Der ganze westliche Altiplano dagegen ist vornehmlich Weidegrund der Indianer und ist, wo man im Süden in das Salzgebiet eintritt, selbst dafür nur in dürftiger Form geeignet. Zwischen den Steppen dürren, stechenden Büschelgrases ..., dunkelgrünen harzig duftenden Heiden und Flugsandwüsten blenden die Salare – in der Regenzeit aufgeschwemmter Salzschlamm, in der Trockenzeit schneeweiße, harte Krusten ... Ihnen entnimmt der Indianer in der Trockenheit in dicken Tafeln das Salz, das er mit Lamaherden in wochen- und monatelangen Reisen nach den östlichen Teilen des Gebirges ... bringt, wo es weiter in die Tropen verhandelt wird. Nun punktweise sitzen die Bewohner in den Winkeln der Berge, die etwas Wasser für den Anbau von Gerste, Weizen und Luzerne spenden ...“[2]
Trolls Text sagt trotz seiner Kühle viel über die Lebensbedingungen auch der indianischen Bauern in Bolivien aus. Im Norden Chiles sind sie noch schwieriger. Hier fährt man viele hundert Kilometer durch Sand-, Geröll- und Felsenlandschaften, ohne einer einzigen Pflanze zu begegnen. Bis hinab zum 28. Grad südlicher Breite reicht an der Küste die große Atacama-Wüste, über die Charles Darwin meinte, nirgendwo verschwende die Sonne wohl so sinnlos ihre Strahlen. In der chilenischen Küstenstadt Inquique zum Beispiel wurden in einem Zeitraum von 49 Jahren im Jahresmittel nur 1,9 mm Regen gemessen.
In der Wüste klammern sich die Menschen nur an die wenigen Oasen, die am Rande der größten chilenischen Salzpfanne, dem Salar de Atacama, liegen. Die lebensfeindliche Zone dehnt sich auf der Westseite der Kordilleren bis zu einer Höhe von 3 000 m aus. Die Wüste Atacama ist eine hermetische Grenze für die Vegetation. Erst südlich der großen Trockendiagonale, die von der Pazifikküste im Norden Perus über das Hochland

Boliviens und Nordchiles hinweg bis zum Atlantik reicht, werden die Lebensbedingungen besser. Dort herrscht dann „pazifisches Wetter".

Die größte Sorge der Indianer gilt und galt daher der Fruchtbarkeit der Felder und damit auch dem Wasser. In ihrem Denken und Fühlen spielten und spielen die Berge als Kontrolleure des Wassers daher die wichtigste Rolle.

Johan Reinhard hat die Rolle der Berge und der mit ihnen verbundenen Opfer und Kulte in Vergangenheit und Gegenwart erforscht wie kein Wissenschaftler vor ihm. Er ist damit manchem Geheimnis der Inka und der vorinkaischen Kulturen auf die Spur gekommen. Neues Licht fällt daher jetzt auch auf Nazca, Tiahuanaco und Chavín de Huántar, das uralte Tempelzentrum in den peruanischen Anden.

Neue Nachrichten
aus Chavín de Huántar

Die Karriere der Götter

Chavín de Huántar war hoch im Gebirge das religiöse Zentrum der ersten weit über das heutige Staatsgebiet von Peru verbreiteten Kultur. Im Jahr 1981 habe ich Chavín de Huántar zum erstenmal besucht, um dort für die ZDF-Filmreihe „Terra X" zu filmen und an dem gleichnamigen Buch zu arbeiten. Von daher wird meinen Lesern manches in diesem Kapitel vertraut sein. Daß ich dennoch darauf zurückkomme, hängt mit neuesten Forschungen zusammen, die den uralten Tempelbezirk in einem anderen Licht erscheinen lassen und in einen größeren Zusammenhang stellen.

Was man noch bis zum Jahr 1981 als ziemlich erwiesen betrachtete, war die Hypothese, das Zeremonialzentrum bei Chavín de Huántar, das der Kultur auch den Namen gegeben hat, habe vor allen anderen Bauzeugnissen der Chavín-Kultur existiert. Das aus Amazonien stammende „Chavín"-Volk habe schon 1500 v. Chr. den ersten kleinen Tempel geschaffen und diesen im Laufe der Jahrhunderte durch einen neuen ersetzt, der größer gewesen sei und die wichtigsten Elemente der früheren Anlage bewahrt habe.

Was das Alter und den Rang von Chavín de Huántar betrifft, gilt seit einer gründlichen Untersuchung des amerikanischen Archäologen Richard L. Burger von dem, was der Wissenschaft und den Peruanern bis 1981 gut und teuer gewesen ist, nur noch wenig. Alle vermuteten bis zu diesem Zeitpunkt, der älteste Tempelbau der Anlage sei etwa 2200 bis 2300 Jahre alt. Federico Kauffmann-Doig datierte die ältesten Relikte nach jüngsten, von der Volkswagen-Stiftung mitfinanzierten Grabungen noch 1981 gar auf die Zeit um 1500 v. Chr. Doch all das scheint nun nach den Laboruntersuchungen des Fundgutes, das Richard L. Burger ausgegraben hat, nicht mehr so zu sein.

Das Bauereignis des ältesten Tempels verschiebt sich danach um mindestens 650 Jahre, und unser indianisches Wallfahrtszentrum in den Bergen steht anstatt am Anfang der Entwicklung eher an ihrem Ende. Die frühe-

42

Der grausame Gott von Chavín. Das Bild gibt die wichtigsten Elemente des dolchzähnigen Mischwesens wieder. Auf dem „Lanzón"
im Tempel von Chavín sind sie weniger übersichtlich. (Zeichnung
nach Kauffmann-Doig 1980)

ste Phase von Chavín de Huántar hat also erst um 850 v. Chr. begonnen und bis 460 v. Chr. gedauert. Erst mit dem Neubau eines großen Tempels im fünften oder vierten Jahrhundert v. Chr. ist der mächtige Impuls verbunden, der die Ausdehnung der Ikonographie und des religiösen Einflusses von Chavín de Huántar über das heutige Staatsgebiet von Peru zur Folge hat. Dieser Einfluß dauert von 390 bis etwa 200 v. Chr. Danach versiegt die geistige Quelle von Chavín. Barbaren bauen ihre primitiven Hütten im Tempelbezirk.

Nach allem, was wir jetzt wissen, hat es sich also genau umgekehrt verhalten. Nicht die Tempelanlagen in den Hochanden sind zuerst gebaut worden, sondern Heiligtümer an der Küste. Sie heißen nach den Grabungsorten Caballo Muerto, Haldas und Garagay. Sie haben ihre Blütezeit etwa 1200 und 900 v. Chr. gehabt, und mit ihnen hat dann die neue Anlage in den Bergen konkurriert. Bestimmte architektonische Besonderheiten und Organisationsformen hat sie von den Küstentempeln übernommen[1].

Über die Gründe für die Einbettung der Anlage ausgerechnet in das schwierige und rauhe Bergland an der Ostseite der Weißen Kordillere, in das Callejón de Conchuos, ist bisher eigentlich wenig Einleuchtendes geschrieben worden. Johan Reinhard stellt das Tempelzentrum wohl als erster Anthropologe in einen „heiligen geographischen Zusammenhang".

Der mächtigste Berg in unmittelbarer Nähe ist der Huantsan. Er ist der Mitschöpfer eines Flußsystems, das nach Osten und nach Westen fließt. Die Wasserzirkulation einer ganzen Region wird also von diesem Berg bestimmt. Die Bauern in den Tälern, die an die Weiße Kordillere grenzen, waren immer abhängig von den Wassern dieses Bergmassivs, und auch die Küstentäler profitierten davon, „denn die Flüsse in der Küstenkordillere, der Schwarzen Kordillere, schwellen an, wenn die Berggötter der Weißen Kordillere den Regen hinübersenden", sagen die Einheimischen. Der Huantsan gehört zur Weißen Kordillere.

Die alten Zeremonialzentren Sechín, Moqueque und Cerro Blanco, die in den Tälern der Schwarzen Kordillere liegen, haben auch Verbindung mit Chavín unterhalten, denn seine Lage zwischen der Küste und den bewaldeten Hängen, die nach Amazonien hin abfallen, war für die Handelsbeziehungen zwischen den beiden Gebieten günstig. Das Tal östlich des Zentrums war überdies fruchtbar, und die Flüsse Mosna und Huachecza flossen beim Zentrum zusammen.

44

Mit dem zunehmenden Bedeutungsverlust der Küstenheiligtümer ging die neue Karriere der Götter und Priester von Chavín de Huántar einher. Der große Einfluß des Tempelzentrums in den Anden muß mit einer Erneuerung der Religion und der Weltauffassung verbunden gewesen sein.

In seiner Blütezeit dehnte sich Chavín de Huántar beim Tempel 1,2 km entlang den Ufern des Río Mosna aus und schloß auch die beiden Uferseiten seines Nebenflusses, des Río Huachecza, mit ein.

Soviel zur Entwicklung des Zeremonialzentrums. Für Leser mit Humor sei noch am Rand bemerkt, daß ein gewisser Autor Chavín de Huántar als „Kopie des Salomon-Tempels zu Jerusalem" betrachtet und den Indianern namens „aller Fachleute" schlicht und chauvinistisch das technische „Know-how" zum Bau einer solchen Anlage abspricht. Dafür tut er die Hypothesen von Fachleuten als „abgeschlossene Nummer" ab, die jene über die Weltvorstellung der Indianer entwickelt haben. Wo die Altamerikakenner Jaguargötter und schlangengleiche Dämonen aus den Steinbildern herauslesen, will der Geistesastronaut das „Schema eines Motorblocks mit Einspritzdüsen und vielen Zuleitungen" entdeckt haben. Die Tempel von Chavín, sagt jener Autor, dessen Namen der Leser leicht errät, seien ohne Vorbild auf dem amerikanischen Kontinent. Offenbar ist ihm eine Reise zu den Küstenheiligtümern als überflüssig erschienen.

Im November 1981 reisen wir – Federico Kauffmann-Doig, ein Kamerateam und ich – nach Chavín de Huántar. Nach 14 Stunden Fahrt von Lima aus erreichen wir über schwierige Gebirgsstraßen und Pässe unser Ziel. Auf dem Grund einer besonders tiefen Schlucht, die der Río Mosna gegraben hat, sehen wir die roten Dächer des Dorfes Masan im letzten Licht schimmern. Bei Dunkelheit nähern wir uns eine halbe Stunde später der schwarzen Silhouette eines Bauwerks, das ganz nahe an die Straße heranreicht. Kauffmann-Doig bittet den Fahrer, einen Augenblick zu halten. Der scharfe Lichtstrahl seiner Taschenlampe schneidet die Fratze eines steingewordenen Dämons – halb Jaguar-, halb Menschenkopf – aus der Mauerwand. Das ist einer der wenigen von den furchterregenden Götterbildern Chavíns, die an ihrem Platz geblieben sind. Das Licht verlöscht. Wir fahren über eine geländerlose Brücke, unter der der Río Huachecza gurgelt, in das Nest Chavín hinein.

Unser erster Gang führt am nächsten Morgen hinauf auf den Hang, hoch über dem Bett des Río Mosna. Als wir keuchend am Ziel ankommen, zeigt der Höhenmesser 3 300 m an. Ich ahne, warum uns der peruanische Archäologe gleich so gequält hat. Wir überblicken nur von hier aus am besten die Strukturen der tief unter uns liegenden Tempelanlage. Ich habe keine Mühe, dasselbe Grundmuster wie in anderen Tempelanlagen altindianischer Kulturen auszumachen. Kauffmann-Doig zieht die Parallelen: „Die Menschen errichteten einen zentralen Tempel mit Seitengebäuden, die einen zentralen Platz einfaßten." Noch aus der Entfernung von 600 m Luftlinie können wir das Portal des zentralen Tempels mit den Treppenstufen gut sehen, die auf eine Plattform hinaufführen.

Erst nachdem wir in die Anlage hineingegangen sind, erweist sich das, was ich aus der Vogelperspektive für ein Nebengebäude gehalten habe, als der kleinere Tempel einer älteren Epoche: „Er ist erst erweitert und später aufgegeben worden, als der großangelegte Neubau nebenan entstanden war", erläutert Kauffmann-Doig. „Der neue Tempel bewahrt die Hauptelemente der früheren Anlage."

Auch der älteste Tempel in Chavín de Huántar läßt schon eine reife Baukunst erkennen. Es fügen sich zum Beispiel glatte Steinplatten zur Umrandung eines vertieften Platzes. Im Halbkreis finden wir ein Fries aus fünf Reliefplatten. In jede einzelne haben die Steinmetze von Chavín ein mythisches Wesen geschnitten. Die wie poliert wirkenden Reliefs und jener Kopf an der Außenmauer, der uns am Abend unserer Ankunft erschreckt hat, sind Reste des üppigen Tempelschmucks. Der Kopf steckt

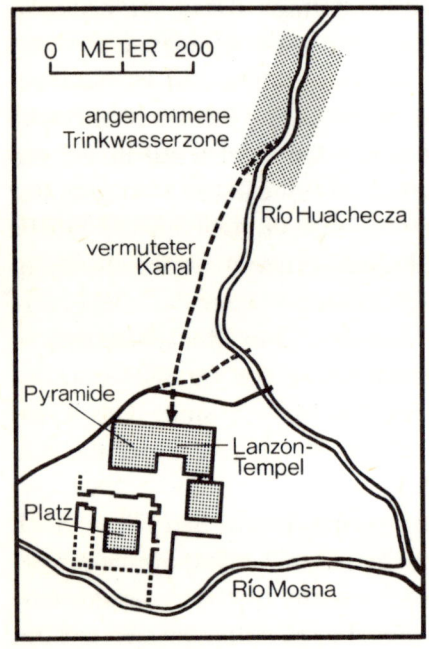

Die Lage der Ruinen mit dem vom Río Huachecza abgeleiteten Kanal, der durch das Tempelzentrum fließt. (Nach Lumbreras 1976)

mit einem langen, rechteckigen Schaft in einer entsprechenden Ausspa-
rung zwischen den Steinen. Solche Häupter ragten einst an verschiedenen
Stellen aus dem Mauerwerk des „alten Tempels". Die Schmuckreste lassen überhaupt nur noch ahnen, daß Plastiken und Reliefs früher einmal
die ganze Anlage geziert haben, deren Mauerwerk mit bemaltem Stuck
verkleidet war.

Während wir die Phantasie schon arg bemühen müssen, um das Zeremonialzentrum in seinem früheren Glanz sehen zu können, läßt sich die
Großzügigkeit der Anlage leichter erkennen. Wir schreiten 116 × 72 m
ab: die Grundfläche, die der Haupttempel mit seinen Flügelgebäuden
U-förmig einfaßt. Auch wenn die Zeit einen Teil der großen, rechteckigen
Baukörper abgetragen hat, sind immer noch stattliche Mauern − bis zu
12 m hoch − übrig geblieben.

Von den beiden Flüssen hatten die Erbauer der Anlage ein unterirdisches
Kanalsystem abgeleitet. Es führte die Wasser des Río Huachecza, der
beim Berg Huantsan entspringt, durch verschiedene Gänge und Kammern
der Tempel. Dort soll das Rauschen des Wassers die Weissagungen eines
Orakels begleitet und untermalt haben. In Ritualen und Glaubensvorstel-
lungen, die aus der vorinkaischen Zeit überliefert und noch heute unter
Bauern im nordchilenischen Socaire lebendig sind, mußten die Priester-
schüler ihre Litaneien für den Dienst an den Berggöttern bei Nacht aus
dem Gemurmel des Wassers lernen, das vom heiligsten aller Berge stamm-
te. Wenn dieses Wasser unterirdisch floß − um so besser für die Wirkung
der Worte und der Musik, die der Berggott bei den Gebeten um Regen
und Fruchtbarkeit verlangte! Dies wird von spanischen Chronisten und
auch von Ethnologen bezeugt, die in unseren Tagen die Traditionen der
Einheimischen in den Anden erforscht haben[2]. Ein ähnliches Denkmodell
könnte auch für den Bau der Kanäle in den Tempeln von Chavín de
Huántar bestimmend gewesen sein.

Was war das nun für eine Gesellschaft, die in Chavín de Huántar so
monumental gebaut hat? Und welche Götter hat sie dort verehrt?

Halb Mensch, halb Katzenwesen

Damit wir den Menschen und den Göttern jener Zeit näher sein können,
führt uns Federico Kauffmann-Doig zu einer Stelle oberhalb des kleinen
Platzes mit den Reliefs. Wir bücken uns an der Seitenmauer des „Alten

Tempels" durch einen schmalen Eingang und tasten uns am Lichtstrahl unserer Lampen immer tiefer hinein in das Labyrinth aus Gängen und Kammern. Plötzlich stehen wir vor zwei runden Steinköpfen mit dolchartigen Zähnen. An anderer Stelle, am Ende eines Ganges, lehnt ein Steinrelief gegen die Wand. Darauf bleckt ein Dämon, auf dessen Kopf Schlangen züngeln, seine scharfen Zähne.

Wir sind froh, daß wir hier einen kundigen Führer haben; denn es gibt im Tempel verschiedene Labyrinthe, die miteinander verbunden sind. Einige weisen zwei oder drei Stockwerke im Innern eines Baues auf. Da könnte man sich nur zu leicht verirren. Die verschlungenen Gänge führen meist zu kleinen Räumen, die zwei bis drei Meter hoch sind. Die Mauern und Decken sind so grundsolide gefügt, daß wir keine Sekunde zu befürchten brauchen, Steine könnten auf uns herabstürzen. Vereinzelt entdecken wir Nischen, in denen vermutlich Idole gestanden haben.

Schließlich führt uns Federico Kauffmann-Doig in die zentrale Kammer des „Alten Tempels". Was wir dort sehen, läßt uns erst einmal verstummen: Inmitten eines schachtartigen Raumes ragt wie eine überdimensionale Lanzenspitze über 2,5 m hoch ein weißes Monument empor, in dessen Granitflächen Künstlerhände ein äußerst verwickeltes Bildwerk geschlagen haben. Das Monument ist dreikantig und verjüngt sich nach oben hin. Niemand weiß, wie die Leute von Chavín de Huántar diesen Obelisken, der bildhaft „Lanze", auf spanisch lanzón, genannt wird, in den Schacht gebracht haben. Er ist tief im Boden verankert.

Das zentrale Heiligtum hier gibt unserem Begleiter, der die Metaphern der alten Steinmetze zu lesen versteht, Auskunft über die Götter des Chavín-Volkes: „Wir müssen versuchen", sagt er, „das Bildwerk von unten nach oben zu lesen. Da sehen wir auf unserer Seite eine Hand, die in großen Krallen endet. Aber sie hat auch die Gestalt einer Menschenhand. Auch der dazu gehörende Arm hat eine menschliche Form. Weiter oben, wo er endet, können wir die Brust sehen. Darüber erkennen wir den dolchartigen Zahn, der aus einem Raubtiermaul ragt. Rechts davon sind Ohren mit einem Ringschmuck zu sehen, und darüber, auf der linken Seite, ist das Auge eingearbeitet. Auch die Nase ist erkennbar."

Wir folgen dem Professor nur mit Mühe; denn die oberen Teile des Bildwerkes entziehen sich dem Blick. Zudem ist der Stein auf allen drei Seiten bearbeitet worden, und die geschilderten Motive wiederholen sich. Über dem Haupt der Gottheit verjüngt sich der Obelisk und endet in einer Spitze. Die Menschenköpfe, die dort noch in den Granit geschnitten worden

Diese Stele wurde aus Chavín nach Lima ins
Museum verbracht. Sie zeigt, wie der Gott auf
dem „Lanzón", Schlangensymbole und Jaguar-
elemente. Nach dem Entdecker Raimondi wird
das Steinbild Raimondi-Stele genannt. (Nach
Rowe 1967)

sind, können wir kaum noch ausmachen. Federico Kauffmann-Doig vermutet, daß das Ende dieses merkwürdigen Bildwerkes die Opfer symbolisiert, die die Gottheit verlangt hat: „Das ganze Monument", faßt er seine Beschreibung zusammen, „stellt eine Gottheit dar, die in ihrer Erscheinung halb Mensch, halb Katzenwesen ist."

Auch auf anderen Steinen erscheint das Mischwesen mit den Merkmalen des Jaguars oder des Berglöwen. Zu dieser Gottheit tritt, auf der Steinplatte in einem Gang abgebildet, eine Gestalt, die zu all den katzenhaften Eigenschaften noch das Gefieder eines Greifvogels besitzt.

Nicht mehr in dieser Anlage, sondern im Nationalen Archäologischen Museum in Lima steht ein nach dem peruanischen Ausgräber Julio C. Tello benannter Obelisk. Darauf wollen verschiedene Wissenschaftler neben den geschilderten Motiven auch das stark abstrahierte Abbild eines Kaimans erkannt haben. Sie lasen die folgende Schöpfungsgeschichte aus der Ikonographie von Chavín de Huántar: Am Anfang war ein großer Kaiman. Er war die Quelle des Lebens ... Er war die Welt, die in einem endlosen Meer dahintrieb. Dann kam die Zeit, in der sich der Kaiman in eine Doppelgottheit verwandelte. Die eine beherrschte nun die unterirdische und die Wasserwelt, die andere den Himmel. Der Himmelskaiman stand in Verbindung mit der gewaltigen Harpyie. Der Jaguar endlich war der Mittler zwischen den Kaimangöttern und den Menschen. Er war noch mehr. In seinem Rachen waren auch die Nahrungspflanzen entstanden, die der Kaiman den Menschen schenkte.

Ich habe diese Deutung, hinter der der Archäologe Donald W. Lathrap steht, etwas frei vor einigen Jahren in einem Buch niedergeschrieben. Lathrap hält sie für amazonischen Ursprungs wie die Erbauer von Chavín auch, doch Federico Kauffmann-Doig lebt im Konflikt mit der These. Er vermag auf dem Tello-Obelisken bei aller Toleranz keinen Kaiman zu entdecken, und er will auch die Auffassung eines anderen Archäologen, für den der Gott des Chavín-Volkes ein „lächelnder Gott" gewesen ist, nicht teilen. Mir will selbst das Lächeln eher einfrieren angesichts der vielen Dolchzähne und Krallen in Chavín de Huántar.

Für den Peruaner Kauffmann-Doig sind Chavíns Götter furchtbare Götter gewesen: „Sie tragen furchterregende Fratzen, weil sie Furcht einflößen sollten. Mit dem Mittel der Furcht regierten die Priester-Monarchen von Chavín das Volk der Bauern und organisierten die Massen. Nur so konnten überhaupt die monumentalen Bauwerke des Zeremonialzentrums geschaffen werden."

Auf den Spuren der Berggötter

Johan Reinhard, der die Götterbilder auch studiert hat, hat vor allem nach der Idee geforscht, die den Bildwerken als Basis gedient haben könnte, und die Frage aufgeworfen, ob nicht die Verehrung der Berge, die das Wetter und damit den für die Felder benötigten Regen beherrschten, ihren baulichen Ausdruck in der Tempelanlage und den Reliefs gefunden haben könnte.

Beim Blättern in alten spanischen Chroniken, fand er allmählich heraus, daß Indianer, die während der Inka-Zeit nahe Chavín de Huántar lebten, den Schneeberg Yerupaja als wichtigstes Heiligtum verehrten. In einem Mythos, der 1656 aufgenommen wurde, hieß es, dieser Gott sei in Form eines Blitzes vom Himmel gekommen. Der Yerupaja ist einer der höchsten Berge der Cordillera Huayhuash, auf deren Ostseite wiederum der Berggott Yana Raman von den alten Indianern verehrt wurde.

Nördlich der Weißen Kordillere genoß der Gott Catequil die größte Verehrung. Er wurde wegen seiner Bedeutung für das Wetter, die Felder, die Herden und auch den Kindersegen in Form einer Steinstatue auf einem Berg angebetet. Auch in der Weißen Kordillere selbst wurden vor der spanischen Eroberung Berge als Gottheiten angesehen, und auf einem von ihnen wurde auch der Sitz Catequils vermutet. Der Huascarán in der Weißen Kordillere überragt mit seinen Zwillingsspitzen mit 6768 und 6655 m Höhe alle Gipfel Perus und Ecuadors. Sein alter Name lautet Mataraja. Und unter diesem Namen war er ein Gott für die Indianer, die im Tal Callejón de Huaylas auf der Westseite der Gebirgskette wohnten und zu ihm hinaufschauten. Chavín de Huántar hatte in alter Zeit Verbindung mit dem Tal Callejón de Huaylas sowie durch einen vorinkaischen Pfad mit der Siedlung Olleros. Die von den Inka nach dort gesandten Kolonisten übernahmen übrigens von den Alteingesessenen die Verehrung des Berges Huantsan. Diesem wichtigsten Berg westlich von Chavín de Huántar und − vielleicht stellvertretend − niedrigeren Bergen galten bis in unsere Zeit die Opfer, die die Bevölkerung um die alten Tempelanlagen herum für das Gedeihen ihrer Feldfrüchte brachten. Bei seinen Forschungsexkursionen hat Johan Reinhard auf einem der Berge, unmittelbar westlich des Zeremonialzentrums gelegen, in 4526 m Höhe auch eine uralte Opferstätte knapp unterhalb der Schneegrenze entdeckt.

Niemand kann sagen, wie weit die Verehrung der Berge bei Chavín de Huántar in die Vergangenheit zurückreicht. Aber wenn sie schon von

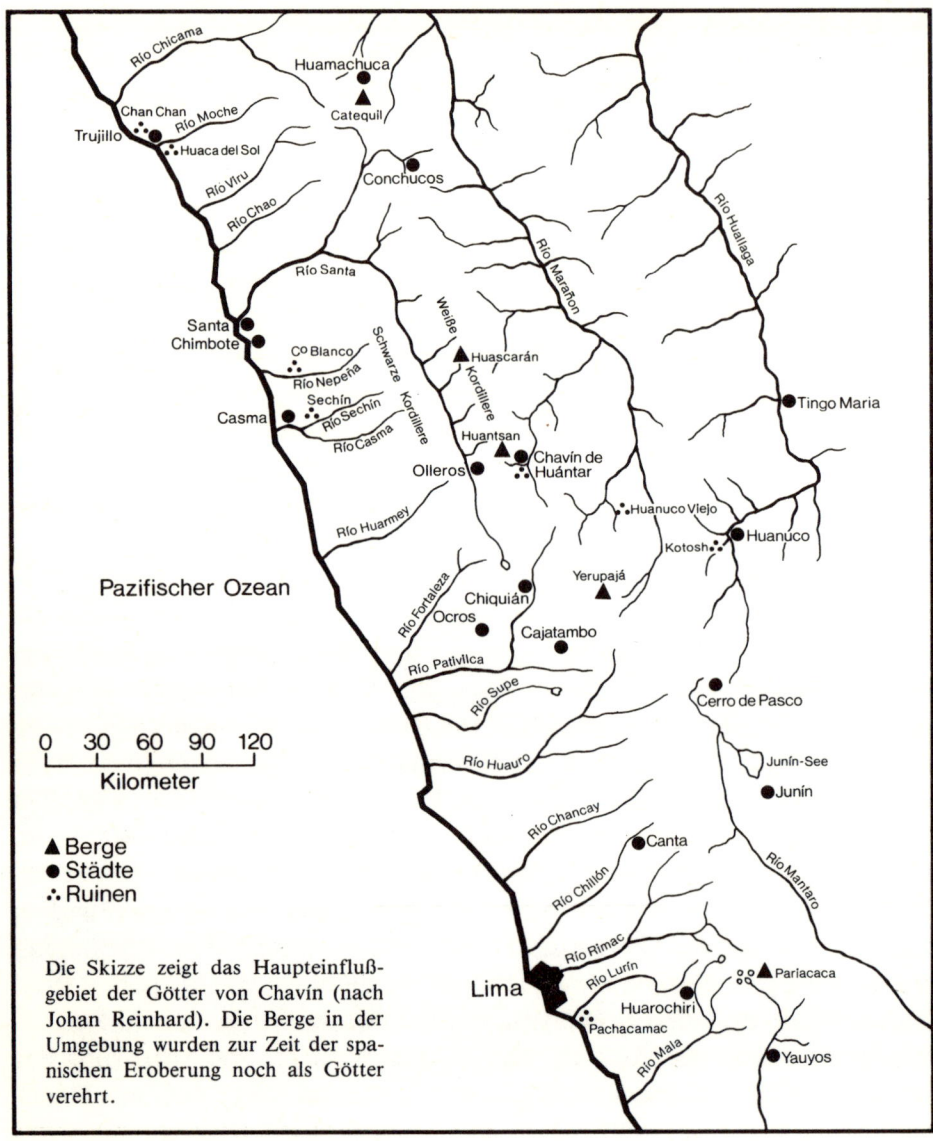

Die Skizze zeigt das Haupteinflußgebiet der Götter von Chavín (nach Johan Reinhard). Die Berge in der Umgebung wurden zur Zeit der spanischen Eroberung noch als Götter verehrt.

Bedeutung gewesen ist, als man die ersten Bauten des Tempelbezirks errichtet hat, dann könnten die mächtigsten Pyramiden dort auch symbolisch Berge repräsentiert haben. In diesem Zusammenhang gewännen auch die Darstellungen auf dem Lanzón, dem Tello-Obelisken und verschiedenen Reliefs vertrautere Züge. Die Mischwesen, in denen Jaguar und Mensch symbolisiert sind, haben nämlich in den alten Andenkulturen viel mit den Berggöttern zu tun, sind deren Boten oder Werkzeuge, und manchmal verwandelt sich der Berg selbst gar in ein Katzenwesen, um unter die Menschen zu gehen.

Daran glauben, wie wir bald sehen werden, viele Einheimische noch heute. Zeugnisse über die mythologische Bedeutung der großen Katzen in der Vergangenheit haben wir erst einmal aus den Tagen der spanischen Eroberer. Damals hielt sich in der Gegend der Cordillera Huayhuash ein Mythos, in dem sich ein Berggott in Katzengestalt verwandelte und Tiere aus den Herden riß.

Unter den Aymará jener Zeit, die in der Gegend des Titicaca-Sees lebten, galt der Puma als Symbol einer Gottheit, die das Wetter kontrollierte. Guamán Poma de Ayala, der Chronist des Inka-Reiches, berichtet, daß der Jaguar vor allem in den tropischen Waldgebieten als Wächter der Gottheiten galt, die die meteorologischen Erscheinungen kontrollierten, und überall verehrt wurde.

So haben wir auch für die Schlangen- und Vogelsymbole auf den Relief-bildern Deutungen, die auf Fruchtbarkeit und Regen zielen. Über die Schlangen zum Beispiel gibt es in verschiedenen Regionen sehr verwandte Vorstellungen: Die einen sagen, Schlangen würden sich in den Blitz ver-wandeln können, der vom Berggott eingesetzt wird. Die anderen erzählen von der Riesenschlange Amarcu, die in der Erde und in den Seen residiert, wo sie das Wasser für die Felder spendet – oder zurückhält. Seit jeher gelten auch die großen Muscheln, die ein Mischwesen mit Schlangen-haaren, halb Jaguar-, halb Menschengestalt, in seinen Händen hält, als „Töchter des Meeres", die mit den ewigen Wasserkreisläufen verbunden sind. Man legte sie als Opfer an kritischen Stellen im Bewässerungssystem aus oder auf Altären in den Bergen.

Eine Gottheit von Chavín de Huántar, die neben den katzenhaften Eigen-schaften auch noch Flügel besitzt, hat in den Anden Jahrtausende über-lebt: es ist der Fliegende Katzengott Ccoa, der Blitze aus den Augen schleudert und aus dessen Kehle der Donner grollt. Dieser Gott Ccoa uriniert Regen und speit Hagel. Der Berggott selbst konnte Ccoas Gestalt annehmen und über das Land fliegen. Ccoa wirkte aber auch als Diener des Berggottes, mit dem er zusammen in der Höhe lebte. Die zeitgenössi-sche Quechua fürchten Ccoa in manchen Gegenden noch immer, weil Blitz und Hagelschlag sie selbst, ihr Vieh und ihre Felder gefährden. Sie rufen ihn aber auch in Zeiten der Dürre um Hilfe an.

In der generellen Kosmologie der alten Andenvölker repräsentierten

Greifvögel den Himmel, Großkatzen das Land und Schlangen die unter-
irdische Welt. Alle drei in einem Wesen vereinigt, das auch menschliche
Attribute besitzt, stellte eine Gottheit von allerhöchster Macht dar. Diese
Gottheit und die mit ihm verbundene Hierarchie lebte in den hohen Ber-
gen. Der ranghöchste Berg bei Chavín de Huántar war der Huantsan[3].
„Die Priestergesellschaft, die der göttlichen Macht diente, hat in den
Labyrinthen des Tempelbezirks gelebt", glaubt Federico Kauffmann-
Doig. „Hast du gemerkt, wie gut die Belüftung hier noch immer funktio-
niert?" fragt er mich. „Man hat das sehr raffiniert gemacht. Ein ganzes
System kleiner Schächte, die von der Oberfläche zu den Gängen führen,
sorgt für Atemluft. Bei den Zeremonien haben die Priester vermutlich
durch die Schächte Befehle nach oben gebrüllt, die für die wallfahrenden
Bauern magisch aus der Tiefe heraufdrangen. Die Leute, die oben standen, bekamen einen Riesenschreck. Noch die Chronisten der spanischen
Kolonialzeit erwähnten, daß in Chavín ein Orakel existierte, dessen Voraussagen man draußen vernahm."
„Sind die großen Standbilder wie der Lanzón in der zentralen Kammer
den Wallfahrern zugänglich gewesen?" frage ich Federico Kauffmann-
Doig.
„Vermutlich nicht", meint er. „Diese Labyrinthe sind wohl ausschließlich
den Priestern vorbehalten gewesen." „Wurden bei den Zeremonien vor
den Augen des Volkes Menschenopfer dargebracht?" möchte ich wissen.
„Das ist", meint Federico Kauffmann-Doig, „nicht auszuschließen. Auf
der Ikonographie jedenfalls sieht man abgeschnittene Menschenköpfe.
Sie werden von einem fliegenden Dämon am Schopf in seinen Klauen
gehalten."
Von den Bauern, die heute im Schatten der Berge in der Umgebung von
Chavín de Huántar ihre Felder bestellen, fürchten und verehren manche
die alten Götter noch immer. Von deren Macht erzählt eine düstere
Geschichte, die ich von Federico Kauffmann-Doig erfahre. Im Jahr 1945
begrub der Río Huachecza einen Teil des Tempels und des Dorfes mit vielen Menschen unter Erd- und Gesteinsmassen. Nach einem großen Regen
durchbrach ein See über der Ortschaft Chavín de Huántar seinen Damm,
und gewaltige Schlammfluten wälzten sich den Berg hinab. In der
Schlucht des Río Huachecza donnerten Felsen, groß wie zweistöckige
Häuser, zu Tal. Die meterhohe Flut drang in die Gänge des Heiligtums
und riß viele von Ausgräbern freigelegte Dinge in den Río Mosna.
Um solche Ereignisse bildeten sich in den Kordilleren Legenden, kaum

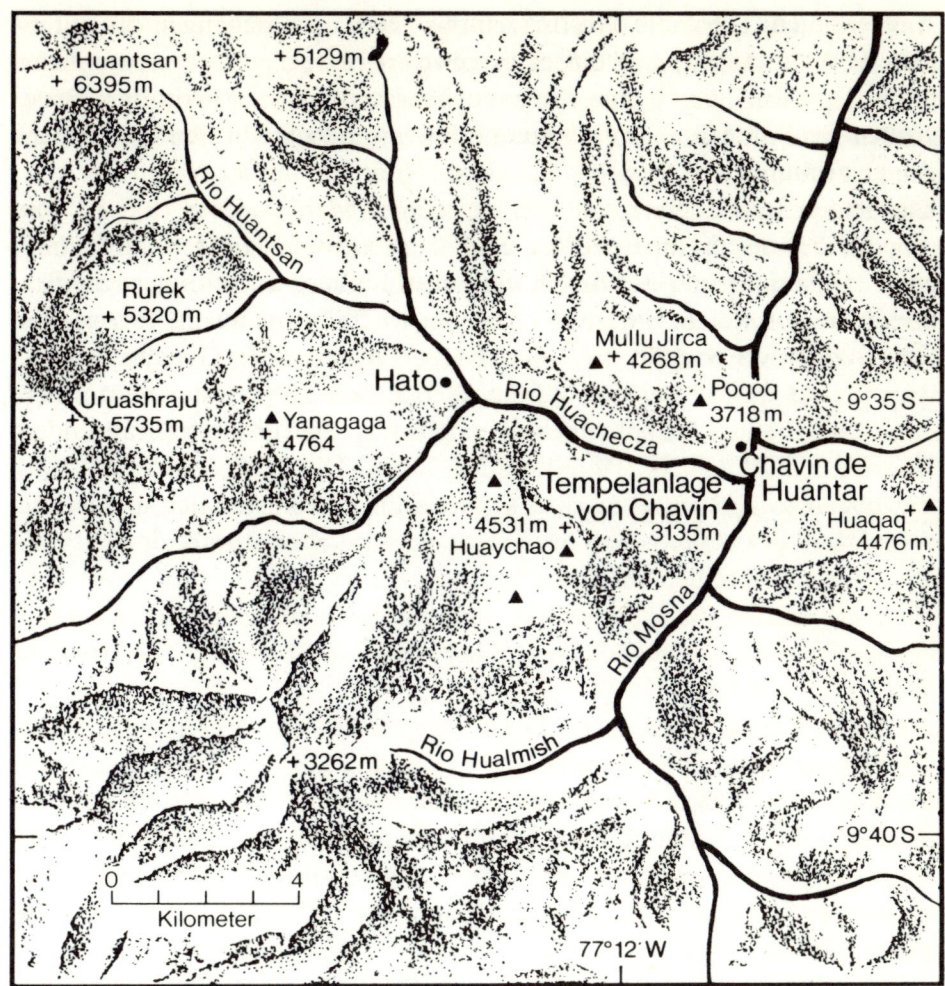

Chavín mit den wichtigsten Bergen der näheren Umgebung. Auf einigen Gipfeln liegen alte und neue Opferstätten. Manche werden noch heute verehrt.

daß die Katastrophe vorüber ist. Weil Leute aus Lima, heißt es in einer, den Lanzón aus seinem Tempel holen und in ein Museum der Hauptstadt hätten bringen wollen, sahen sich die Götter zum Eingreifen veranlaßt. Die Berge Poqoq und Huaqaq hätten beide über die Ausführung der Strafe gestritten. Schließlich habe der mächtige Berg Huantsan selbst die Verantwortung übernommen.

Ich frage Federico Kauffmann-Doig, der nach der Katastrophe als junger Mann an den Aufräumungsarbeiten teilgenommen hat, nach einem

Augenzeugen: „Der alte Martín", antwortet er, „ist dabeigewesen. Er ist dem Tod entgangen, obwohl er es gewesen ist, der die Leute aus Lima holte. Er kann aber nichts mehr darüber erzählen. Er stottert seit der großen Schlammflut. Die Götter, heißt es, hätten ihm zur Strafe die Zunge gelähmt."

Die beiden Berge, die um die Ehre stritten, den Lanzón zu schützen, tragen, dies sei ergänzt, Altäre auf ihren Gipfeln. In der Opferstätte auf dem Berg Poqoq hat der Amerikaner Richard L. Burger sogar Seemuscheln gefunden. Sie sind allem Anschein nach zur Blütezeit von Chavín geopfert worden.

Annäherung an Nazca

Die Entdeckung der Erdzeichen

Als der Bus hinter Ica die peruanische Küste verläßt und den Bergen zustrebt, liegt die Landschaft im Licht des Vollmondes. Stunden sind wir schon seit der Abreise aus Lima unterwegs.

Bald muß sich der Wagen zwischen Felswänden hindurchzwängen. Er überwindet die nur 800 m der Küstenkordillere und rollt dann die steilen Windungen hinab, die in die Hochebene führen. Schiene der Mond nicht auf die nackten Hügel, hätte man das Gefühl, selbst auf dem Mond zu sein. Nur Fels, Geröll und Schutt hebt das bleiche Licht mit oft scharfen Schatten aus der Landschaft hervor.

In der Ferne sehen wir ein paar vereinzelte Lichter schimmern. Der Bus hält in Palpa. Wenige Fahrgäste entläßt er in die Nacht. Eine Stunde später durchfahren wir die tischebene Pampa de San José: „Las Lineas de Nazca" kündigt ein Schild neben der Straße an. Am nächsten Tag werde ich sie sehen, die gewaltigen Scharrbilder und Linien, die so viele Menschen angelockt haben und von denen die einen mit kontrollierter, die anderen mit ungehemmter Phantasie eine Deutung versucht haben.

Als ich in Nazca eintreffe, ist es Mitternacht. Zum Glück übernimmt der Verwalter der „Tepsa"-Station Taxidienste und fährt mich mit meinem schweren Gepäck hinaus zum „Hotel de la Borda", wo ich für die kostspielige Fahrt durch die Atmosphäre einer alten Hazienda entschädigt werde, in deren Gärten den Gästen süße Mangofrüchte in den Mund reifen. Da darf, lese ich, wer will, kostenlos in die Umgebung ausreiten.

Das ist schon etwas in einer Gegend, die für Besucher sonst wenig Reize besitzt. Manche Flecken um die Stadt Nazca haben die Bauern zwar mühselig zu einer Oase gestalten können, und ihre Felder dehnen sich auch zu beiden Seiten flacher Wasserläufe aus. Die sengende Sonne und die nackten Berge am Rand der Hochebene aber gemahnen an ihre Gefährdung. Der Río Nazca und der Río Ingenio führen nicht das ganze Jahr hindurch Wasser. Sie sind abhängig von den jährlichen Regenfällen in den östlichen

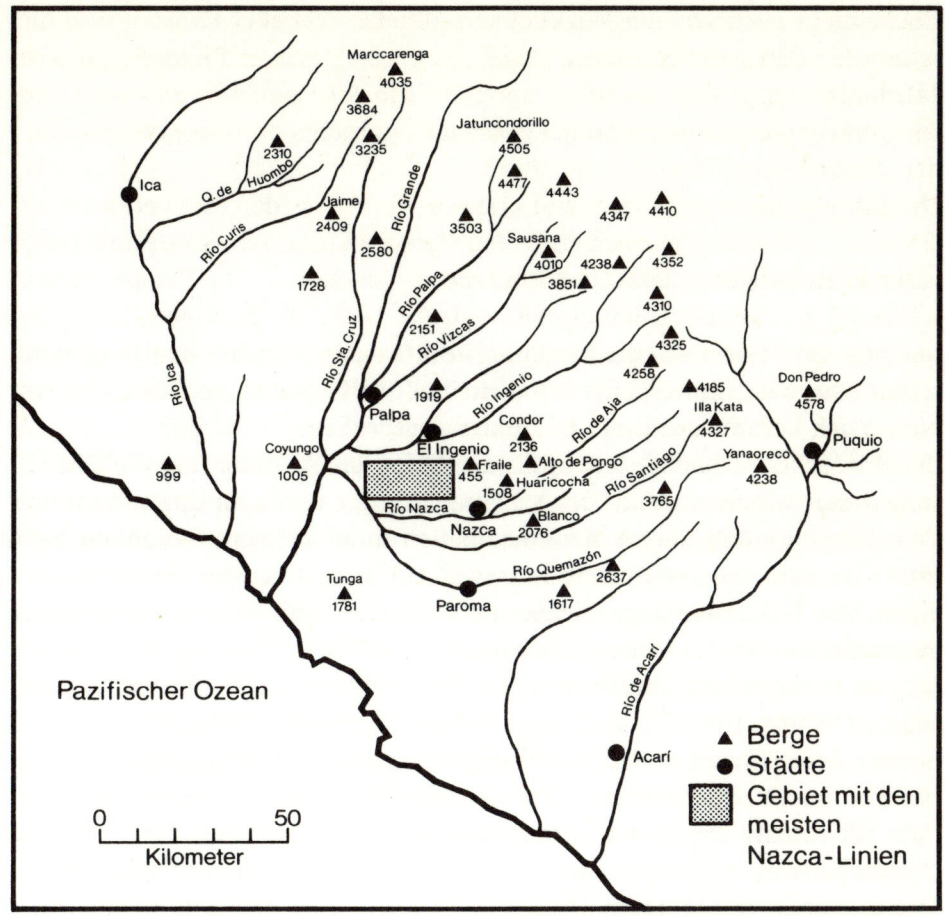

Die Skizze zeigt das Gebiet mit den Nazca-Linien und unter den Flüssen und Bergen der Umgebung auch jene, die in Legenden und unserer Hypothese eine Rolle spielen.

Bergen. In manchen Jahren bleiben die Niederschläge aus und die Fluß-täler vollkommen trocken. Selbst die unterirdischen Bewässerungssysteme, die in alter Zeit hier angelegt worden sind, trocknen zuzeiten völlig aus. Die Bauern um Nazca wissen, wo man bis zuletzt aus ihnen Wasser schöpfen kann, aber das Wissen um die Anlage und den Verlauf des einzigartigen unterirdischen Systems der vorgeschichtlichen Bewässerungs-techniker ist verloren.

Wer als Fremder nach Nazca kommt, sucht aber keine grünen Oasen der Erholung. Wer nach Nazca kommt, begibt sich vielmehr auf eine Reise in die Vergangenheit und muß aufpassen, daß er mit dem Flug über die

Ebene nicht auch von der Wirklichkeit abhebt. Ziel aller Fahrten sind die schnurgeraden geometrischen Linien und gigantischen Figuren, die vor Jahrhunderten in die schwarze, steinige Erde der Pampa de San José und der umliegenden nackten Hügel gescharrt worden sind. Geoglyphen nennen die Fachleute sie.

Die Geoglyphen von Nazca sind erstaunlicherweise der Aufmerksamkeit früherer Archäologen, aber auch den Beamten, den Arbeitern und Ingenieuren entgangen, die an der Panamericana bauten. Die Straße durchschneidet buchstäblich das archäologische Feld, die heutige „Zona Arqueologica". Hin und wieder sprach man unter Altamerikanisten wohl schon über die „Linien". Doch mußte im Jahr 1939 erst ein Professor aus New York kommen und die Erdbilder „entdecken". Paul Kosok, so hieß der Entdecker, erkannte jedenfalls als erster das Ausmaß und die Bedeutung dieses wissenschaftlichen Arbeitsfeldes, als er die Pampa einmal mit dem Flugzeug überquerte. Er machte sich auch so seine Gedanken darüber. Im Jahr 1941 wanderte er mit seiner Frau über die Puna. Als an einem der Exkursionstage die Sonne unterging, sah Kosok sie plötzlich genau über einer der Linien. An diesem Abend war Wintersonnenwende. Den Amerikaner durchfuhr es heiß. „Dies ist", so schrieb er später über seinen Gedankenblitz, „das größte Astronomiebuch der Welt."

Seine Nachrichten aus Nazca alarmierten die Welt. Viele haben seither in der Pampa de San José geforscht und gerätselt, und eine Forscherin hat dem Schauplatz ihr ganzes Leben gewidmet, die Deutsche Maria Reiche. Ihr verdanken wir auch, daß es dort noch viel zu sehen gibt. Die in Dresden geborene Mathematikerin und Geographin hat nämlich seit ihrer Ankunft in dem kärglichen Städtchen Nazca, nach dem die Kultur benannt worden ist, auch unermüdlich an der Erhaltung der Erdzeichen gewirkt. Seit Jahrzehnten nimmt sie das Leben in einem einfachen Zimmer hin, um ihrem Forschungsgegenstand nahe sein zu können. Obwohl die Peruaner auf Initiative Maria Reiches Verbotsschilder aufstellten, die das Betreten und Befahren des Geländes verbieten, sind viele Linien zerfahren und zertrampelt worden. Ein Fußstapfen bleibt hier für alle Ewigkeit! Ein Zaun, den Maria Reiche entlang eines Teils des Geländes aufstellen ließ, wurde gestohlen. Von ihr ausgestattete Motorradfahrer versahen ihren Dienst nur unzureichend. Betritt man den stählernen Aussichtsturm am Straßenrand, sieht man weit und breit keine Wächter.

Wie sehr die Vergangenheit Nazcas in die Gegenwart hereinreicht und auch ausgebeutet wird, führt mir schon an meinem ersten Tag eine Exkursion nach Chanchilla erschütternd vor Augen. Ich nahm mir einen Wagen und fuhr in Richtung Arequipa. Bei Kilometer 28 bog ich nach links in eine Sandpiste ein, die sich durch karge Anpflanzungen und Ziegenpferche wand. Und schon bald kam ich auf eine weite Fläche mit dünenartigen Sandhügeln. Ich traute meinen Augen nicht! Überall auf diesem Feld hockten Mumien in der Sonne, gekleidet noch in Fetzen von ihren wollenen Totengewändern, die weißschimmernden Schädel umkränzt von dichtem, schwarzem Haar. Im Näherkommen sehe ich bei einigen der Toten einen langen, sorgfältig geflochtenen und in Bänder gewickelten Zopf über den Rücken hängen, der fast bis zum Boden reicht. Ich wandere mehr als eine Stunde über diesen großen Begräbnisplatz, auf dem Raubgräber makabre Arrangements aus gekreuzten Gebeinen und Schädelpyramiden geschaffen haben.

Ich sehe Kleinkinder und Babies unter den Toten, die in Hockstellung über Jahrhunderte in Urnen gesessen haben. Jetzt, nachdem ihre Urnen in Scherben gegangen sind, der kostbaren Beigaben und Gewebe beraubt, treibt der allgegenwärtige, scharfe Wind sein Spiel mit den Toten, läßt ihre Haare flattern, löst ihnen die pergamentene Haut von den Knochen und poliert ihnen mit feinem, scharfem Sand die Stirn glatt und blendend weiß.

Wohl gegen hundert solcher Mumien hocken verloren am Rand ihrer halbzugewehten Gräber und zeugen von der Habgier und Pietätlosigkeit des modernen Menschen, der sie ihrer letzten Ruhestätte beraubt und entwürdigt hat.

Welcher Kultur, frage ich mich, haben diese Toten angehört? Sind sie zur Inka-Zeit bestattet worden oder viel, viel früher, als in dieser Gegend die Nazca-Kultur blühte? Ihre Kleidung, die uns auch eine charakteristische, von Julio C. Tello ausgegrabene Figurengruppe aus Ton vor Augen führt, ist leider bis auf einen undefinierbaren Rest verschwunden. So kann ich auch nicht einen Quadratzentimeter Gewebe mit der für die Nazca-Kultur typischen Bildwirkerei finden. Dagegen sind viele Gräber mit Adobe, luftgetrockneten Ziegeln, umfaßt, was auf die Nazca-Kultur schließen läßt. Die für Nazca-Gräber charakteristische Holzabdeckung dagegen fehlt. Enttäuscht verlasse ich den Friedhof.

Die begabten Schöpfer der Scharrbilder

Wer sich ein Bild von der Nazca-Kultur machen will, die zwischen 300 v. Chr. und 800 n. Chr. in den Tälern von Ica und Nazca ihre regionale Blüte erlebte, und von den Menschen, die diese Kultur hervorgebracht haben, muß in die Museen der Landeshauptstadt Lima gehen. Dort befindet sich auch die „Familie", die der peruanische Archäologe Julio C. Tello ausgegraben hat: ein Vater, zwei Söhne, die ihm vorangehen, zwei Frauen und ein Hund. Ungewöhnlich sind die Trachten. Da fallen uns zunächst einmal um die Köpfe der männlichen Personen gewundene Stirnbänder auf, die schon eher Turbanen ähnlich sehen. Die beiden Kinder sind mit Lippenpflöcken geschmückt, und jedes von ihnen trägt eine Panflöte mit sich. Zur Kleidung der Männer gehören kurze Obergewänder, nach Art einer Tunika gearbeitet, und ein rockähnliches Lendentuch. Die Oberkleider und Röcke der Frauen verhüllen mehr als die der männlichen Familienmitglieder. Das alles sieht sympathisch, ja fast idyllisch aus. Aber so friedvoll, wie es scheint, ist das Leben sicherlich nicht gewesen.

Wir wissen aus anderem Fundgut der trockenen Region, daß den Nazca-Leuten kaum eine Webtechnik fremd gewesen ist. Sie webten riesige Gobelins, Grabschleier und Schlitzgewebe, gemusterte Tücher in mehr als 150 Farben oder Farbstufen. Den Webern standen Mineral- und Pflanzenfarben zu Gebote. Das Färben in sogenannter Abbindetechnik war ihnen ebenso geläufig wie die Bildwirkerei. Zu den Textilien kamen auch noch Röhren- und Federgewebe. Zur Vervollständigung der Kleidung gehörten gewebte Fajas, breite Gürtel und Sandalen oder gar einfache Schuhe, die Mokassins ähnlich waren. Taschen machten die Ausstattung vollständig. Aus den zahlreich erhaltenen Wirteln ihrer Handspindeln mit hübschen Dekorationen spricht ebensoviel Sinn für das Schöne wie schon aus den Geweben.

Das gilt auch für die Keramik. In ganz Altamerika stand den Indianern eine solche Farbenfülle nicht zur Verfügung! Bei den Formen erst waren die Ansprüche bescheidener. Unter den ältesten Nazca-Gefäßen tauchen allerdings schon die charakteristischen bauchigen Flaschen auf, die mit zwei durch eine Brücke verbundenen Ausgußrohren versehen sind. Die Indianer formten ihre Gefäße ohne Töpferscheibe, ohne Modell mit traumwandlerischer Sicherheit aus der Hand. Merkwürdigerweise hatten fast alle Gefäße, ob Näpfe, Schalen, Teller oder auch hochbordige

Becher, einen gerundeten Boden. Und als hätten alle diese Gefäße im Boden einen geheimen Schwerpunkt, kippten sie nicht um.

Wer schon einmal Nazca-Gefäße in seinen Händen halten durfte, der war sicher überrascht von der genauen Darstellung der Tiere und Pflanzen, mit denen die Indianer ihre Welt teilten, und der Fabelwesen, mit denen sie diese zu teilen glaubten. Schon zu Beginn dieser Kultur tauchen auf den Keramiken Insekten, Vögel, Wildpflanzen und die Früchte des indianischen Fleißes auf: Mais, Bohnen, eine Gurkenart, Pfefferschoten und andere. Mit einer kräftigen, scharfen Umrandung versehen, setzen sich diese Darstellungen gegen den Hintergrund ab. In den Farben dominiert neben Schwarz und Rot vor allem Weiß.

In der Frühzeit von Nazca wird ein Mischwesen, ein Katzenwesen mit menschenähnlichem Gesicht, abgebildet, das, wie schon in Chavín de Huántar, offenbar als segensreich für das Gedeihen der Feldfrüchte angesehen wird; denn die Keramiker schmücken seine Umgebung meist mit Pflanzenmotiven.

An der weiteren Entwicklung der Nazca-Tonwaren interessiert uns aber erst wieder die dritte Phase einer etwas vereinfachten Aufteilung der Entwicklung der Stilphasen, die wir Alan R. Sawyer verdanken. Da erfahren wir nämlich wieder etwas mehr über die Menschen.

Ihr Bild taucht jetzt wieder in Keramikformen auf. Die Künstler haben bei den anthropomorphen Gefäßen meist nur die Köpfe genauer modelliert und Gestalt sowie Gliedmaßen nur durch Bemalung angedeutet; einige seltene Gefäße zeigen vollständig ausgeführte Körper. Betroffen macht darunter die Darstellung eines Kriegers, den wir im Nationalmuseum in Lima sahen. Er hält sich mit schmerzverzerrtem Gesicht eine klaffende Kniewunde. Der Krieger trägt einen schmalen Schnurrbart wie der Mongolenkönig Tamerlan und hat geschlitzte Augen.

Vom Krieg erzählen im Dekor der Gefäße auch Kopftrophäenbilder. Die Kopfjagd muß unter den vorgeschichtlichen Völkern Südamerikas recht verbreitet gewesen sein. So wie hier in Nazca finden wir Trophäenköpfe auch in anderen Kulturen dargestellt, zum Beispiel auch in der etwa zeitgleichen Jama-Coaque-Kultur in den Grenzen des heutigen Ecuador. Im Archäologischen Museum der Banco Central in Quito habe ich die winzige Keramikfigur eines Kriegers bewundern können. Außer dem erhaltenen Schmuck aus metallisch blauen Kolibrifedern trägt er auf dem Rücken ein Bündel abgeschnittener Köpfe. Solche Trophäen sind also in den Nordanden wie auch im tiefen Süden von Peru erbeutet worden.

Wenn wir in diesem Zusammenhang an die Skalps denken, die sich nordamerikanische Indianer in den Rauch gehängt haben, fragen wir uns, ob die Kopftrophäen auch nur dem persönlichen Ansehen des Kriegers dienten, der sie abgeschnitten hat. Hans-Dietrich Disselhoff hält eine solche Überlegung, was Nazca betrifft, für allzu einfach: „Eher muß man an regionale Fehden einzelner Stammeseinheiten denken, die für das Einbringen der für das Gedeihen der Feldfrüchte notwendigen Trophäenköpfe unternommen worden sind."[1] Trophäenköpfe zur mythologischen Düngung der Felder! Eine Analogie dazu hat sich bis in unser Jahrhundert unter den Jivaro in den andennahen Regenwäldern Perus und Ecuadors erhalten. Bei diesem Stamm stärken die erbeuteten Trophäen zwar zuerst die Seele des erfolgreichen Kopfjägers bis zur Unüberwindlichkeit, doch die Dschungelgärten sollen auch etwas davon haben: nach Ablauf einer gewissen Zeit wird ein Schrumpfkopf meist in den Anpflanzungen vergraben, zu deren Fruchtbarkeit er beiträgt.

Die Leute von Nazca dürften, wie unsere zeitgenössischen Jivaro auch, kaum größere Feldzüge unternommen haben. Motive für den Aufbruch der Krieger könnten damals wie heute böser Zauber oder Auseinandersetzungen um Land gewesen sein. Disselhoff vermutete für Nazca „Streit um Bewässerungsrechte in der wasserarmen Landschaft". Großangelegte Eroberungszüge schloß er „wegen der geringen Ausbreitung der Nazca-Kultur" aus.

„Erst im letzten Jahrzehnt", berichtet Disselhoff 1972, „haben peruanische und amerikanische Archäologen größere Siedlungen im Nazca-Raum feststellen können, von dem man früher behauptete, daß keine Dorfruinen existierten, mit deren Fehlen man die geringe Bevölkerungsziffer erklärte. In Wirklichkeit sind die ausgedehnten Friedhöfe im Tal des Río Grande von Nazca und anderen Teilen des mittleren Südens Beweise für eine relativ dichte Bevölkerung. William Duncan Strong behauptet, wahrscheinlich mit Recht, daß auf dem Terrain der großen Hazienda Cahuachi im Río-Grande-Tal Ruinen einer wirklichen Stadt mit Straßenanlagen gefunden wurden. Er hält sie für Ruinen der Hauptstadt nicht nur dieses Tals, sondern eines viel größeren Gebietes. Mauerreste aus luftgetrockneten konischen Ziegeln blieben erhalten. Auf sie stützen sich dünne Wände aus Rohr und Schilf, auf hölzernen Pfosten ruht das Dach, auf einer natürlichen Erhebung stand ein Tempel oder Gemeinschaftshaus … Im Tal von Ica liegen mehrere Siedlungen mit Grundmauern aus Feldstein, auf Hügelspitzen kaum erkennbare Steinfundamente kleiner Heiligtümer. Die größte Siedlung im Tal von Acarí im südlichen Grenzbreich des Nazca-Volkes gehört, nach den Keramikfunden zu schließen, zur dritten Phase von Nazca. Mauern aus Feldsteinen und rechteckigen Lehmziegeln, welche die Siedlungen einschließen, könnten auf Befestigungen neu eroberter Landschaften hindeuten."[2]

Daß man die Nazca-Siedlungen so spät entdeckt hat, schreibt Disselhoff, der selbst noch 1965 Nazca-Material ausgegraben hat, der Vergänglichkeit der Hausbaustoffe zu. Des trockenen, heißen Klimas wegen bestanden die Wände meist aus Rohrgeflecht. Wenn in der Nacza-Keramik überhaupt Nachbildungen von Häusern entstanden, so zeigen sie im übrigen einfache Konstruktionen, die entweder mit einem Flachdach gedeckt oder gar oben offen sind.

Ein Gebäude von Rang aber kann uns doch beeindrucken. Seine Reste stehen auf dem Gelände der Hazienda Cahuachi im Tal des Río Grande. Eine rechteckige Plattform zeichnet sich dort ab, auf der ein Tempel gestanden haben könnte. Seine großzügigen Dimensionen sind noch an den parallelen Pfostenreihen abzulesen. Die Löcher ließen die Ausgräber auf mehrere Hundert Pfosten schließen, die in zwei Meter Abstand voneinander eingefügt worden sind. Vor 20 Jahren standen noch etwa 50, zum Teil gegabelte Pfosten aus Algarrobo-Holz. In diesen Gabeln müssen früher die sogenannten Läufer gelegen haben, auf denen die Dachkonstruktion aufsetzte. Die übrigen Pfosten hatte die heutige Bevölkerung der Umgebung wiederverwendet, für die Alltagsprobleme mehr Bedeutung haben als wissenschaftliche oder kulturelle Fragestellungen. Einige mit Maskengesichtern geschmückte Pfosten von Nazca tauchten übrigens auch im Kunsthandel auf.

Aus der Perspektive der Götter

Ja, die Menschen von Nazca leben von der Vergangenheit! Am Rande der bescheidenen Stadt liegen ein paar rauhe Flugpisten. Von dort steigen die alten „Mühlen" von „Aero Condor" auf und fliegen hinüber zur Pampa de San José. Ich bezahle meinen Flug und kurve in einer „Cessna"-Maschine mit ausgehängter Tür eine gute Stunde über den gewaltigen Scharrbildern, die nach neuesten Forschungen im sechsten Jahrhundert n. Chr. in den Boden eingetieft worden sind. Ich erlebe sie aus der Perspektive der Götter. Das Bild eines Vogels mit 120 m Spannweite ist dar-

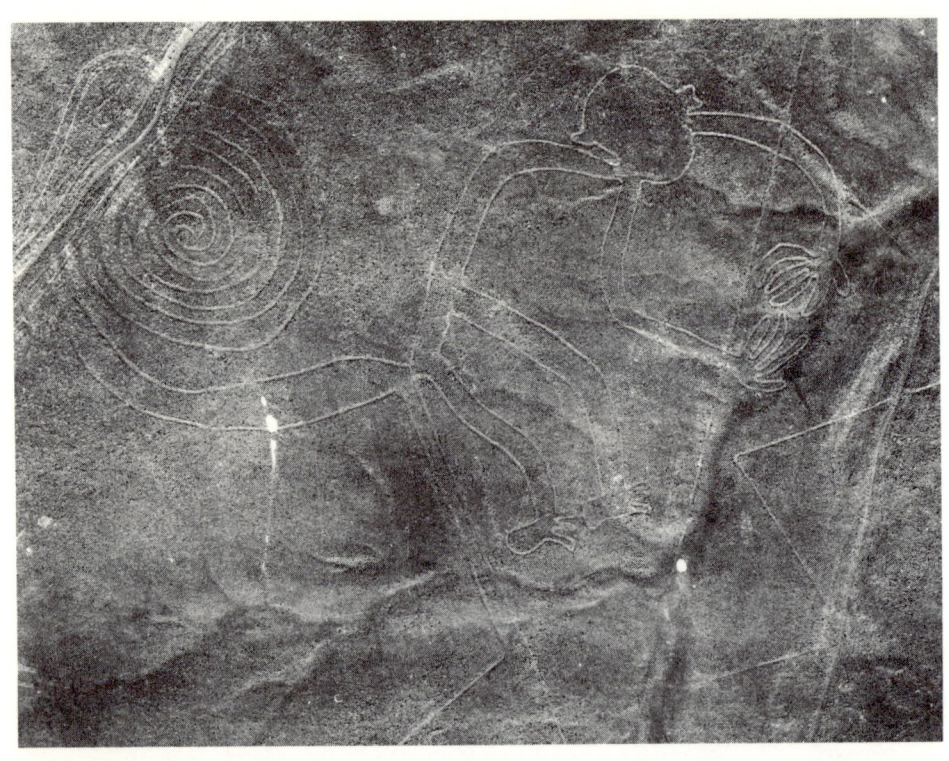

Gigantische Bodenbilder auf der Pampa de San José zwischen Nazca und Palpa in Peru. Nur wenige Schöpfungen der Völker Alt-Amerikas haben die Phantasie späterer Betrachter mehr beschäftigt. Der Vogel mit dem als Zickzack ausgeführten Hals, der Affe mit dem spiraligen Schwanz und der Fisch gehören zu den bekanntesten Scharrbildern. Wenn man das 500 Quadratkilometer große Gebiet mit den Geoglyphen überfliegt, wird einem aus der Höhe das Ausmaß der Zeichnungen erst so recht deutlich. Der Vogel zum Beispiel mißt von der Schnabelspitze bis zum Schwanzende 120 Meter. Der Affe nimmt eine Fläche von über 800 Quadratmetern ein. Bei diesem Bild fällt die Könnerschaft auf, mit der die alten Nazcaner die charakteristische Gestalt und Haltung des Affen in den großen Dimensionen auf den Erdboden projiziert haben.
Schon über das Wie gibt es viele Spekulationen und Thesen. Noch mehr über das Warum!
Die prominenteste Hypothese bringt die vermutlich über 1 400 Jahre alten Figuren sowie die kilometerlangen Geraden, die Kurven und Spiralen in einen Zusammenhang mit solchen Sternbildern des Himmels über Nazca, die für einen landwirtschaftlichen „Kalender" der Bauern von Bedeutung gewesen sein sollen. Die deutsche Forscherin Maria Reiche hat für einen solchen Nachweis an Ort und Stelle mehr als ein halbes Menschenalter aufgewendet. Mit Regen und Wasserkult haben auch die Thesen Johan Reinhards zu tun. Nur sind sie mehr erdgebunden. Der Affe und der Vogel mit dem spiraligen Schwanz spielen darin eine wichtige Rolle, werden diese Tiere doch im alten Peru weithin im Zusammenhang mit Fruchtbarkeit und Regen gesehen
Fotos: Henri Stierlin

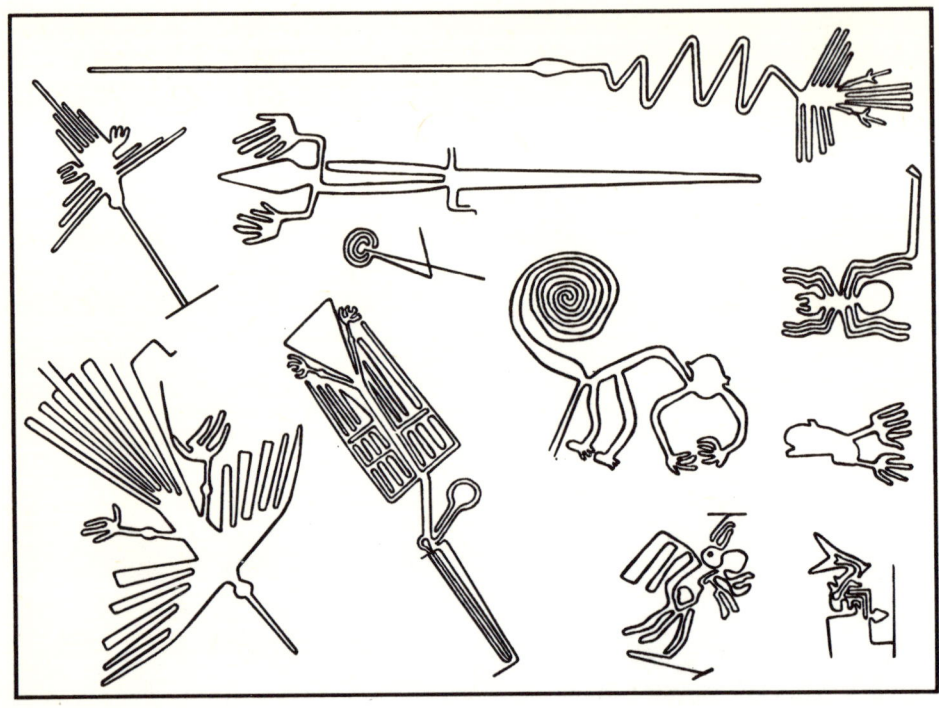

Maria Reiche hat die wichtigsten Scharrbilder von Nazca zu diesem Tableau zusammengestellt.

unter und das einer Spinne, das gut 50 m mißt! Wir umkreisen die Figur
eines Affen mit spiralförmigem Schwanz, eines Delphins, eines mächtigen
Fisches. Die längste Tierdarstellung erreicht 300 m.

Der Pilot läßt die Maschine steigen, so daß wir nun auch die zahlreichen
geometrischen Muster besser überschauen können: riesenhafte Spiralen,
wie mit dem Zirkel gezogen, Rechtecke und Trapeze, deren Geraden
sauber, wie mit dem Lineal gezogen, in die Landschaft gegraben worden
sind.

Mit meinem Staunen kommt der Ärger; denn Jahr für Jahr sind hier
Leute mit ihren Autos in die ausgedehnte Bilderlandschaft hineingefahren
und haben mit den Reifenspuren Strukturen beschädigt.

Gut 500 km² nehmen die Scharrbilder ein. Die größte Ausdehnung in
einer Richtung beträgt ungefähr 60 km.

Manche Leute halten die Figuren für interessanter. Mich faszinieren die
Linien ebenso. Manchmal erscheinen sie mir als ein unüberschaubares
Gewirr. Manchmal folgen sie einer gewissen Ordnung; denn sie laufen

Eingebettet in die Berge liegt das Tempelzentrum Chavín de Huántar.   Foto: Peter Baumann

Eine grandiose Bauleistung: der „neue" Tempel in Chavín de Huántar. Welche Kraft hat die Erbauer zu solchen Energieleistungen angespornt?
                                                                                                 Foto: Peter Baumann

Eines der wenigen Steinbilder von Chavín de Huántar, das im Tempelzentrum an seinem ursprünglichen Platz verblieben ist.   Foto: Peter Baumann

Im Labyrinth des Alten Tempels trifft unser Lichtstrahl auf ein Steinrelief. Das Götterbild, ein Mischwesen mit dolchartigen Zähnen darstellend, hält Muscheln in seinen Händen, die nach dem Glauben der Indianer seit alters her mit den ewigen Wasserkreisläufen verbunden sind.   Foto: Peter Baumann

Sonnenuntergang über den Bergen bei Nazca. In der Ferne verschwimmen die Konturen des Berges Tunga. Davor liegt der Berg, der durch einen Fluch Illa-Katas seine Gestalt annahm.
Foto: Peter Baumann

In der Hochebene von Nazca: Raubgräber haben diesen Toten aus seinem Grab geholt und ihn all seines Schmuckes beraubt.
Foto: Peter Baumann

Eine Ruine auf dem Gipfel des Illa-Kata. In der Legende gilt dieser Berg als Residenz des Berggottes, der das Wetter kontrolliert.
Foto: Johan Reinhard

Selten sind die Scharr-
bilder in der Nazca-Hoch-
ebene in Augenhöhe so
übersichtlich wie diese
Schlangenlinie.
Foto: Ibero-Amerika-
nisches Institut

Ein neuer Schlüssel zum Geheimnis von Nazca? Auch in
Bolivien und Chile wurden Linien und Bilder in den
Boden gescharrt, und manche davon spielen im Glauben
der Bergbewohner noch immer eine Rolle: Hier kehren
Dorfbewohner und Musiker auf einer geraden Linie von
einem Hügel zurück. Am Ende dieser Linie, auf der
Hügelspitze, haben sie den Berggöttern Opfer darge-
bracht, um deren Hilfe für ihre Felder und Herden zu
erlangen.
Foto: Johan Reinhard

parallel zueinander oder gehen strahlenförmig von einem Mittelpunkt aus. Dieser Kategorie gemeinsam aber ist der unbeirrbar gerade Verlauf über tischebene Flächen und über Hügel hinweg. Auch Spiralen, Zickzackmuster und trapezförmige Flächen erscheinen wie von der kundigen Hand eines Geometrikers angelegt.

Herkunft und Bedeutung beschäftigen die Archäologen und die Geistesabenteurer seit langem! Eine Bestandsaufnahme der Hypothesen lohnt sich, weil sie uns einerseits bestechende Logik vor Augen führt, andererseits auch zeigt, in welch phantastische Regionen sich der menschliche Geist zu versteigen vermag. Die Tragik ist, daß manchmal jahrzehntelange Arbeit in den Grenzen des disziplinierten Mathematikers oder des Archäologen auch ernsthafte Forscher am Ende eines kargen Lebens der Lösung kaum einen Schritt nähergebracht haben, während Phantasten mit ihren verwegenen Veröffentlichungen reich geworden sind.

Bestandsaufnahme der Hypothesen

Im Hotel „Turistas" der Stadt Nazca legt im Februar 1983, als ich gerade in Nazca bin, die zu dieser Zeit vom „South American Handbook" bereits totgesagte deutsche Forscherin Maria Reiche Besuchern immer noch geduldig dar, was es aus ihrer Sicht mit den Geoglyphen auf sich hat.

Zunächst einmal erfährt man, wie die Geoglyphen entstanden sind und warum sie sich dort 1300 Jahre oder länger erhalten haben könnten. Der Boden in der Pampa San José bietet besondere Voraussetzungen für die Eintiefung und den Bestand der Scharrbilder. Seine Oberfläche besteht nämlich aus einer krustigen, rötlich-braunen Decke. Trägt man davon ein paar Schaufeln voll ab, kommt der gelbliche Farbton der nachfolgenden Schicht zum Vorschein. So tief haben die alten Indianer auch geschaufelt. Was ihrem gigantischen Werk aber Dauer verleiht, ist nicht nur die extreme Regenarmut der Gegend. Im Gegensatz zu dem Totenfeld, das ich besucht habe und auf dem der Wind ständig durch die Gebeine der Mumien fuhr, ist es hier windstill. Ursache dafür sind das schwarze Gestein und der dunkle Boden. Sie sind ein besonderer Hitzespeicher, und indem sie die gespeicherte Hitze wieder abstrahlen, halten sie auch nennenswerte Luftbewegungen vom Boden fern.

Nach fast einem Menschenalter des Messens, Berechnens, Lesens und Grübelns ist die alte Dame zu dem Ergebnis gekommen, die Tierzeichen entsprächen den Sternbildern des Nazca-Himmels. Sie glaubt, ihren symbolischen Rang für die Wiederkehr des ersehnten Wassers und die wichtigen Ereignisse im Jahresrhythmus der mit der Dürre ringenden Bauern von Nazca erkannt zu haben. So etwa soll das Bild des Affen für die Sommersonnenwende stehen. Die langen Linien bewertet Maria Reiche als Teile eines astrologischen Kalenders. Das alles kann man auch in ihrem 1968 erschienenen Buch „Geheimnis der Wüste" nachlesen. Darin kommt sie auch zu dem Ergebnis, daß die Menschen damals, wollten sie ihre Figuren und geometrischen Muster vom Entwurf in die großdimensionale Wirklichkeit übertragen, mit Hilfe eines Maßstabes gearbeitet haben mußten.

Maria Reiches Rechnung hat viel Logik für sich. Zwei andere Linienleser aber heben davon ab − und gewinnen die Gunst der Massen. Der eine mit Namen Jim Woodman schließt aus der Tatsache, daß man die Geoglyphen nur aus größerer Höhe erkennen kann, die Indianer seien zu diesem Zweck mit Heißluftballons aufgestiegen. Er läßt einen Ballon aus Baumwolle nach Art der Nazca-Textilien herstellen. Aus Binsen vom Titicaca-See läßt er eine Gondel flechten und schließlich in einer Grube ein Holzfeuer anzünden, dessen heiße Luft den Ballon füllt und ihm samt bemannter Gondel Auftrieb für einen allzu kurzen, müden Flug gibt. Wie Heyerdahls Unternehmen „Kon-Tiki" damals auch nur die guten seglerischen Fähigkeiten des Norwegers unter Beweis stellen konnte, so spricht der Nazca-Flug jetzt auch nur für den Mut Jim Woodmans. Der Wahrheit über Nazca bringt er uns kein Stück näher.

Für den zweiten Autor ist ganz klar, daß die Erde in vorgeschichtlicher Zeit Besuch von außerirdischen Lebewesen erhalten hat. Die trapezähnlichen Flächen haben es ihm besonders angetan. Darauf müssen nach seinen „Erinnerungen an die Zukunft" die fremden Kosmonauten gelandet sein. Nun sind ja Spuren, wie wir wissen, gerade in dieser Pampa für die Ewigkeit gemacht, und Raumschiffe hätten demnach unübersehbare Spuren hinterlassen müssen. Man entdeckt weit und breit keine.

Der Schlüssel zum Geheimnis?

Eine neue Farbe in den breiten Fächer der Deutungen bringt inzwischen die Hypothese des Schweizer Autors Henri Stierlin, der mir, noch ehe er 1983 in Frankreich sein Buch „Nazca, La Clé du mystère" veröffentlichte, deren Grundzüge dargelegt hat. Er sieht in den Zeichnungen, insbesondere den langen, geraden Bahnen (den „Landebahnen der Astronauten-Götter" Dänikens) die verbliebenen Spuren gigantischer Plätze, die zur Montage der Kette für Weberzwecke dienten. „Die Webketten zur Anfertigung der prächtigen Stoffe, die man in den Gräbern von Paracas und Nazca entdeckt hat, wurden dort vorbereitet", behauptet Stierlin.

Seine Begründung hat auch Logik für sich: „Meiner Ansicht nach sind diese Zeichnungen die Überreste einer großartigen ‚Industrie', und zwar der Weberei der prächtigen Stoffe aus Paracas-Nazca, die vor 1500 bis 2000 Jahren entstanden sind. Tausende solcher Stoffe wurden in den Gräbern der Küste gefunden, seitdem Julio Tello bei seinen im Jahr 1925 begonnenen Ausgrabungen eine Totenstadt von unglaublichem Reichtum ans Licht gebracht hat."

„Die Pisten", spinnt nun Stierlin seinen Faden fort, „sind vom wichtigsten prähistorischen Zentrum der Gegend, genannt Cahuachi, weniger als 3 km entfernt. Die Anlage dieser großen, geradlinigen begrenzten Flächen erforderten viel Arbeit; denn sie mußten von allen Steinen, die den Boden der Wüste bedecken, befreit werden ... Was für einen Sinn konnten nun die rechteckigen und trapezoidalen Flächen haben, die bis 800 m Länge und 100 m Breite messen?"

Stierlins Antwort ist verblüffend: „Wenn man die ‚Plätze' und ‚Pisten' mit den hohen Zahlen in Verbindung bringt, die die Fachleute bezüglich der Weberei, der wichtigsten ‚industriellen' Tätigkeit während der vorkolumbischen Zeit, erwähnen, fallen interessante Tatsachen auf: Samuel K. Lothrop, der mit Julio Tello bei der Entdeckung der Paracas-Necropolisgräber im Jahre 1925 zusammengearbeitet hat, erwähnt gewisse Gewebe, in welche die Mumien gewickelt waren, in einem Stück 28 m Länge auf 4 m Breite messen. Es gibt Gewebe, die noch breiter sind und mehr als 6 m Breite erreichen. Er macht darauf aufmerksam, daß diese Gewebe keinen Saum aufweisen, daß sie an den beiden Enden nicht geschnitten sind und der Kettenfaden somit in einem Stück 160 km Länge erreichen kann. Der Faden besteht aus zwei Zwirnen. Diese Kette wird also aus einem Faden gebildet, der parallel jeweils hin und zurück die ganze Länge des künftigen Gewebes durchläuft. Auf dieser Kette wird der Schuß durchgearbeitet, der oft bis zu 6 m Breite messen kann. Diese Weberei hat somit die breitesten bis heute in der Geschichte bekannten Webstühle geschaffen. Kurz gesagt: Man hat in der Gegend von Paracas-Nazca Gewebe gefunden, die bis zu 28 m Länge messen und deren Breite 6 m erreicht. In einem Stück gewoben, messen sie also 100 bis 120 m². Wie wurden diese Gewebe hergestellt?

Um meine Beweisführung zu erklären, nehme ich als Beispiel ein Gewebe von 20 m Länge und 5 m Breite. Die Kette besteht aus zwölf Fäden pro Zentimeter. Das entspricht einem Faden, der auf einer Länge von 20 m sechstausendmal parallel hin- und zurückläuft. Es handelt sich um einen zweizwirnigen Kettenfaden. Da er 120000 m Länge mißt (20 × 6000), wurde er in einem einzigen Strang gesponnen, der 240 km lang ist.

Wenn man bedenkt, daß die Vorkolumbier weder das Rad noch die Drehscheibe kannten und daher auch nicht die Schlauchhaspel mit Achse, fragt man sich, wie solche Mengen von Fäden gelagert worden sind. Wie hat man solche Mengen von Fäden manipulieren können, ohne daß sie sich verwickelten oder gar zerrissen? Ein Knäuel dieses Ausmaßes wäre zu schwer für die Widerstandskraft des Fadens. Jede Handhabung – zum Beispiel das Anzetteln, um den Kettenfaden zu montieren – würde mehrere Brüche des Fadens hervorrufen, was eine Qualitätsminderung des Gewebes – zum Beispiel Unregelmäßigkeit – zur Folge hätte.

Es ist also offensichtlich, daß man den Faden der Kette auf riesigen Flächen ausbreitete, indem man ihn in unzähligen hin- und herlaufenden Parallelstrecken aufspannte. So haben wir für den als Beispiel genommenen 120000 m langen Faden 180 hin- und zurückgehende Strecken auf einer Fläche von 650 m Länge und 100 m Breite – was der Fläche des sogenannten Sonnenplatzes bei Nazca entspricht.

Wir haben also einen Faden, der zuerst 180 parallele Wege auf 600 m Länge zurücklegt. Jeder hin- und zurückgehende Weg bildet eine Schlinge. Sodann wird jede Schlinge auf sich selbst zurückgefaltet, und so erhalten wir zwei Schlingen, die halb so lang sind. Und so fort!

So hat man zunächst: 360 Fadenlängen von 325 m. Dann, nach den Faltungen: 720 Fadenlängen von 162 m, 1440 Fadenlängen von 180 m, 2880 Fadenlängen von 40 m. Und zuletzt: 5760 von 20 m.

Die allmähliche Verdoppelung der Anzahl der Fäden führt schließlich zur Anzettelung der Kette. Dieses Verfahren benötigt aber eine große Bodenfläche ohne Pflanzen oder Steine, die Hindernisse darstellen würden. Das ist genau, was uns die Plätze von Nazca-Palpa zeigen. Die Spuren, die wir heute auf dem Boden lesen, stellen die größte offene Anzettelungswerkstatt dar, die je von Menschen geschaffen worden ist."

Soweit die scharfsinnigen Überlegungen Henri Stierlins.

Der Gradmesser für den Wert einer Hypothese ist aber die Zahl der

Fragen, die sie beantwortet oder offenläßt. Und in dieser Hinsicht erschließt uns „La Clé du mystère" leider auch nicht das Geheimnis von Nazca. Es läßt zum Beispiel offen, was ähnliche Linien in Nordchile zu sagen haben, wo Textilien nicht so bedeutend gewesen sind. Es beantwortet nicht, warum so viele Linien über Hügel und durch Täler führen. Und es sagt auch nicht, warum wir solche Linien dort nicht finden, wo die Weberei ähnlich bedeutend gewesen ist.

Mit den Linien haben sich noch viele Autoren beschäftigt. Die einen stellten neue Hypothesen auf, die anderen zerstörten sie wieder durch ihre Kritik, ein Wechselspiel, das Wissenschaftler bekanntlich durchaus in Atem halten kann. So ging in den sechziger Jahren der amerikanische Astronom Gerald Hawkins in die Wüste, um in Paul Kosoks „größtem Astronomiebuch der Welt" zu „lesen". Sein Vergleich der aus den Linien gewonnenen Meßdaten mit den durch Computer errechneten Positionen von Sonne, Mond und leuchtenden Sternen in einem Zeitraum von etwa 7000 Jahren zeigte, daß die astronomischen Bezüge wenig mehr positive Korrelationen aufwiesen, als nach dem statistischen Zufall zu erwarten wären.

Eine andere Hypothese stellte unter Berufung auf den Peruaner Mejía Xesspe der Engländer Tony Morrison auf. Er meinte, die langen Linien hätten heilige Plätze miteinander verbunden und zu Prozessionen gedient[3]. Im Jahr 1983 reiste Hoimar von Ditfurth nach Nazca und führte dort bei Nacht eine Vielzahl von Fackelträgern zu rituellen Läufen ins Feld. Das Unternehmen geriet zu einem optischen Spektakel, das sich aus der Luft besonders hübsch filmen ließ. Es lag sozusagen auf der Linie von Autoren, die behauptet hatten, daß es sich in Nazca um „Pfade zu den Göttern" handeln könne. Diese Vorstellung drängt sich auf, wenn man die Linien aus der Läuferperspektive betrachtet. Ein Mann kann gut darin gehen. Viele Figuren bestechen ebenfalls aus einer durchgehenden Linie. Sie haben einen „Eingang" und einen „Ausgang". Ich traf von Ditfurth mit seinem Kamerateam in Lima, als ich gerade selbst für „Terra X" in Peru filmte. Beim Rotspon erzählte er mir von den schwierigen Vorbereitungen für sein Nazca-Projekt. Als ich seinen Film später in den „Querschnitten" sah, beeindruckte mich zwar die großartige Bildführung, doch erschien mir die Frage, ob die Leute geschritten oder gerannt sind, nur als ein Nebenaspekt der Nazca-Geschichte. Die Frage blieb, für wen und warum diese Pfade in der Pampa de San José geschaffen wurden. Handelte es sich um „Pfade zu den Göttern" oder zum Erdzeichen für die Götter? Für welche Götter vor allem? Der Ausdehnung nach war hier einer der größten „heiligen Bezirke" Altamerikas geschaffen worden und der Form nach der ungewöhnlichste in der ganzen Indianerwelt – nicht zu vergleichen mit irgendeinem der bekannten Zeremonialzentren. Oder etwa doch?

Als ich 1981 Johan Reinhard das erste Mal in Pisac traf, hatte er schon seine eigenen Vorstellungen über die Geoglyphen.In den folgenden Jahren konnte er durch einen finanziellen Beitrag der National Geographic Society in Washington seine Forschungen darüber wesentlich intensivieren. In regelmäßigen Abständen unterrichtete er mich darüber. Und im Jahr 1983, als ich auf den Spuren Humboldts in Peru reiste und den Amerikaner wiedertraf, schien es mir, als habe er mit der Tonne endlich auch den Diogenes ausgegraben. Wir fuhren von Nazca aus gemeinsam in eine Hochebene. Während wir dort eine Herde scheuer Vincuñas filmten, verabschiedete er sich für eine Bergwanderschaft zum nahen Illa-Kata. Als er zurückkam, war er ganz außer Atem. Aber dies nicht von den Anstrengungen seiner Gipfelstürmerei. Der Illa-Kata war für ihn nur ein „kleiner Fisch". Doch der Berg hatte in anderer Hinsicht seine kühnsten Erwartungen erfüllt. Mit seinen Entdeckungen dort oben auf dem kantigen, schroffen Berg konnte er das letzte Steinchen in sein Nazca-Mosaik einfügen. Ein neues Bild war entstanden, das uns dem grundsätzlichen Verständnis der Nazca-Linien vielleicht den entscheidenden Schritt näherbringt. Aber ich beginne besser von vorn.

Mythologie-Mosaik

Als Johan Reinhard das erste Mal nach Nazca kam, entdeckte er bald, daß die Einheimischen noch an die Macht von Berggöttern glaubten. Er hatte schon zuvor von einem Schamanen aus Puquio gehört, der die Berge in der Umgebung der Stadt Nazca bei einer Krankenheilung zur Mithilfe eingeladen hatte. Von diesen Bergen genoß der sich im Osten über alle anderen erhebende Cerro Blanco höchsten Rang. Von den Bergen in der Nähe der Pampa de San José heißt der niedrigere und näherliegende Cerro Blanco, der andere, der weiter entfernt liegt und höher ist, Illa-Kata. Er gilt als „Vater der wichtigsten Wasserläufe" dort. Die Indianer erzählten Besuchern früher eine Legende über Illa-Kata, die für Reinhards Arbeit über Nazca noch wichtig werden sollte.

Illa-Kata war nach dieser Geschichte einst der Gott der Höhe; bei ihm waren Blumen, klares Wasser und die Nester der Kondore zu finden. Im Lauf der Zeit gewann Tunga, der Gott der Küste, seine Freundschaft. Er brachte Illa-Kata Geschenke wie Gold, Edelsteine, Baumwollkleidung und Töpferwaren. Der Frau des Illa-Kata aber erzählte Tunga arglistig, der Ozeangott, der das Land fruchtbar mache, die Tiere schaffe und den heißen Sand kühle, habe ihn geschickt. Er überredete sie, mit ihm fortzugehen. Während Illa-Kata schlief, rannten sie dann in Richtung Meer. Illa-Kata erwachte und entdeckte, daß seine Frau fort war. Sein Donnergrollen ließ die Flüchtlinge erbeben. Die Frau fürchtete, vom Zorn ihres Mannes eingeholt zu werden, und bat Tunga, er möge sie zurücklassen, damit sie auf der Stelle sterben könne. Doch Tunga versteckte sie unter dem Maismehl, das er reichlich in seinen Tälern besaß. Die Hitze der Morgensonne hinderte Illa-Kata daran, beide zur Rechenschaft zu ziehen, und Tunga plante, dem Gott der Höhe die Frau zurückzubringen. Doch dazu kam er nicht.

Illa-Kata, der später herabstieg und seine Frau vergebens suchte, löste im Zorn große Erdbeben aus, die die niedrigeren Berge zerstörten. Er schleuderte Felsen herab, die seine Frau begruben. Und Tunga? Er wurde in einen Berg verwandelt, gerade als er das Meer erreicht hatte.

Nach einem anderen Mythos hier heißt der Cerro Blanco auch „Vulkan des Wassers", weil er in uralter Zeit „Wasser von seinem Gipfel spie". Die Vorstellungen der Inka mischen sich schließlich in einer Legende mit denen der Alteingesessenen, nach der Viracocha, erweicht durch die Gebete der Menschen an den Cerro Blanco, in Tränen ausbrach. Seine Tränen rannen den Berg hinab und beendeten so eine lange Zeit der Dürre. Auf diese Weise, heißt es, seien auch die unterirdischen Wasserkanäle entstanden.

Die Zeit, in der die alten Kanäle gebaut worden waren, waren also schon zur Inka-Zeit Legende. Der überlieferte Glaube an den Berggott Cerro Blanco hatte sich aus jener Zeit erhalten. Er spielte jetzt die Mittlerrolle zum inkaischen Schöpfergott Viracocha.

Man muß schon weitgehend das Vertrauen der Bauern gewonnen haben und ihre Sprache sprechen, bis sie sich mit einem in den Schatten setzen und von jenem Mann erzählen, der in jüngster Zeit eine Höhle gefunden haben will, die unmittelbar in den Cerro Blanco hineinführt. Dieser Mann, erfährt Johan Reinhard, will einen stattlichen Raum im Berg mit einem Wasserfall und einem See gefunden haben, von dem Abzweigungen zu den Kanälen führten.

Der Ethnologe Gary Urton fügt noch ein weiteres Steinchen ins Mythologiemosaik. Während einer langen Dürrezeit, fand er heraus, senden die Indianer bei Nacht einen Mann mit einem Krug zum Meer. Er muß eine Stelle aufsuchen, wo man den Schaum der gegen den Fels donnernden Wogen auffangen kann. Er muß mit dem Schaum im Krug zurückkehren, das Wasser auf einen der nahen Berge tragen und dessen Gipfel damit besprengen. Diese Geschichte erscheint uns vertraut, erkennen wir doch darin eine andere Form des Wasserkultes wieder, in der der Ozean eine Rolle spielt. Zu ergänzen wäre noch, daß der spanische Reisende Cieza de León 1553 den Namen Viracocha mit „Schaum des Meeres" übersetzte. Viracocha wurde bei Wasserzeremonien in Nazca angerufen. Für Nazca gewinnt in diesem Zusammenhang eine Information aus dem Jahr 1586 an Bedeutung. Darin heißt es in einer Legende der Umgebung, von den Inkas seien „die Viracochas" gekommen und man habe Pfade zu ihnen gebaut. Johan Reinhard war schon nicht mehr überrascht über die Parallelen zu Mythen, die er anderswo in Peru und Nordchile über Berggötter gehört hatte: Sie dokumentierten für ihn ganz klar, daß die Indianer in der Umgebung von Nazca den Glauben teilten, nach dem die Berggötter die meteorologischen Erscheinungen beherrschten und daß der Ozean als Quelle der Fruchtbarkeit für beides — das Land und die Tiere — wichtig war. Berge, ob nah oder fern, hoch oder niedrig, spielten eine Rolle im Glauben der Indianer. Die höheren Berge des Binnenlandes galten als wichtiger als die niedrigeren der Küste; nur der Gott des Ozeans war dem Gott der Höhe ranggleich. Der Berg Tunga wurde in Verbindung mit der Küste gesehen und war bedeutend für die Fruchtbarkeit der Felder.

In historischen Berichten fanden sich alsbald weitere Quellen, die das zarte Pflänzchen einer neuen Hypothese bewässerten, nach der auch im alten Nazca die Berggötter eine wichtige Rolle gespielt hätten. Diese Quellen stammten von Albornoz und Acosta aus der Zeit der spanischen Eroberung im späten 16. Jahrhundert. Der Spanier Albornoz erwähnte lediglich einen Berg, den die längst inkaisierten Indianer von Nazca in der Quechua-Sprache Sañoc Ancauillca nannten und als Huaca, als heiligen Ort, anbeteten. Das Wort „anca" bedeutet Adler, das Wort „villca" heilige Stätte. Sañoc wird mit Ton übersetzt, und es ist der Stoff, aus dem die Indianer ihre Gefäße formten. Solche Tonablagerungen finden sich reichlich am Fuß des Cerro Blanco, der diese Stätte der Verehrung gewesen sein könnte. Aber nun zu José de Acosta in seiner „Historia Natural y Moral de las Indias" aus dem Jahr 1590!

Der Autor nimmt darin die Bekundungen der Bauern auf, nach denen die alten Nazcaner als heiligsten Ort einen Berg aus Sand verehrten, der inmitten der Berge nahe Nazca stand. Der einzige Berg, dessen Gipfel von schneeweißem Sand bedeckt ist, ist der Cerro Blanco. Die anderen Berge bestehen auch an der Spitze aus gewachsenem Gestein.

90 km von Nazca entfernt liegt der Ort Puquio, mit dem Nazca über Jahrhunderte enge Verbindungen unterhalten hat. Er nimmt in Reinhards Deutung des Nazca-„Weltwunders" eine Schlüsselrolle ein.

Die Einwohner von Puquio bewahren in ihrer Tradition einen Mythos über Helden aus ihrer Mitte, die den Wasseradern bis in den Mittelpunkt der heiligen Berge folgen konnten. Und bis in unsere Zeit erklettern auf ein besonderes Ritual spezialisierte Männer einen Berg nahe der Ortschaft und bereiten ihm jedes Jahr im August ein Opfer, damit er Wasser spende. Die Puquitenser teilen viele der religiösen Vorstellungen, von denen ich schon an anderer Stelle berichtet habe. Sie glauben zum Beispiel, die lokalen Gottheiten residierten in den Bergen und die Berge seien verantwortlich für die Fruchtbarkeit des Viehs und der Felder. Sie meinen gar, in einem der Berge läge eine Stadt. Zu diesem Berg, der Coropuno heißt, gingen die Geister der Toten und wohnten dort. Heute noch ersteigen ebenfalls jedes Jahr im August auf den Dienst an den Berggöttern vorbereitete Männer einen bei der Ortschaft liegenden Berg und bringen ihre Opfer dar.

Und wie steht es um die Berge, die sich über der Pampa de San José erheben? Auch auf ihnen wurden Forscher fündig. Der Archäologe Gerald Hawkins entdeckte auf einem großen Hügel, der die Pampa im Osten begrenzt, im Jahr 1973 verschiedene Gefäße, die dem Befund nach klar bei Ritualen verwendet worden waren. In seinem Buch „Beyond Stonehenge" berichtete er darüber[4]. Daß also die Verehrung der nahen und fernen Berge eine sehr wichtige Rolle der alten Nazcaner spielte, ist nach all diesen Befunden und Nachrichten unstreitig. Sie teilten mit den Bewohnern benachbarter Regionen eine kosmologische Grundvorstellung.

Nach den bisherigen Fehldeutungen hätte Johan Reinhard wohl kaum den Mut zu einem neuen Anlauf einer Deutung des Rätsels von Nazca besessen, hätte er nicht mehr in den Händen gehabt als die allgemeine Vermutung, die Linien und Figuren in der Pampa de San José könnten in einem mehr erdnahen Zusammenhang mit dem Feldbau der alten Indianer und ihrem von der Sorge um Wasser erfüllten Alltag stehen als mit astronomischen Überlegungen oder anderen himmelwärts weisenden

Hypothesen. Er lehnte die Deutung der Nazca-Linien, wie sie Maria Reiche postuliert hatte, nicht grundsätzlich ab. Doch konnten diese die Fülle der Phänomene einfach nicht ausreichend erklären. Der Amerikaner fragte sich: Sollten die Nazca-Linien unmittelbar oder auch symbolisch Quellen miteinander verbinden und zu Stätten führen, an denen die Berge verehrt wurden?

Jetzt ist es Zeit, von den Ereignissen zu berichten, die solche Fragen provoziert und Johan Reinhard schließlich den Weg nach Nazca gewiesen haben.

„Nazca"-Linien auch in Chile

Auf der Suche nach den alten Gipfelgöttern bestieg Johan Reinhard im Jahr 1981 auch den Berg Jatamalla in Nordchile. Dort entdeckte er ein 10 × 3 m großes Rechteck, in dem weiße Steine lagen. Er stellte fest, daß dieses Rechteck nur Teil eines Komplexes symbolträchtiger Strukturen war. Dazu gehörte auch ein „Pfad", der von dem Rechteck wegführte und in Richtung auf den höchsten Punkt des Berges wies. Die weißen Steine stammten im übrigen aus einem Flußbett am Fuße des Berges. Das Rechteck aus Steinwällen selbst war zum nahen Berg Tata Jachura hin ausgerichtet. Vermutlich sollte es die symbolische Verbindung zum Nachbarberg darstellen, der nach dem Glauben auch vieler heutiger Bewohner der Gegend mit dem Jatamalla verheiratet ist. Beide Berge werden von den Bauern als einzige unter den vielen Bergen der Region in einer Zeremonie aufgefordert, Regen zu schicken. Auch auf dem Berg Tata Jachura fand Johan Reinhard mit zwei südamerikanischen Kollegen zusammen in 5250 m Höhe eine Opferstätte, die auf die Zeit der Inka zurückgeht. Unter der Bevölkerung, die ihn verehrt, hält sich eine Legende, nach der dem Berg früher jedes Jahr auch ein Kind geopfert worden sei, um eine stetige Wasserversorgung sicherzustellen. Die Verehrung des Tata Jachura und anderer Berggötter ist aber noch älter; nahe beim Dorf Chiapa am Fuße der Berge liegen die Reste älterer Sakralbauten.

Vom Tata Jachura aus nimmt ein Fluß seinen Lauf in Richtung auf einen Hügel mit Namen Cerro Unitas. Bevor er aber dessen Umgebung erreicht, verschwindet er plötzlich im Sand der Wüste. In alter Zeit dagegen floß er weiter und bewässerte die Felder im Süden und Südwesten des Hügels. Die Fruchtbarkeit dieser Felder, deren Überreste wir heute noch sehen können, war abhängig von den Bergen im Osten, unter denen der Tata Jachura dominierte.

Der Cerro Unitas, der sich 70 km von diesem Berg entfernt aus der Landschaft erhebt, ist auf seiner Oberfläche von geraden Linien und breiten „Pfaden" gekennzeichnet, die verblüffende Ähnlichkeit mit den Erdzeichen von Nazca aufweisen. Sie alle führen zur Spitze und enden in Stätten, in denen geopfert worden ist. Damit nicht genug: Wie in Nazca

„Nazca"-Scharrbilder und Linien auch in Nordchile auf dem Cerro Unitas. (Nach einem Foto von Eduardo Jensen, gezeichnet von Karen Rengefors)

gibt es auch hier gewaltige Scharrbilder! Zwei davon stellen eine Groß-katze und einen Vogel dar. Die dritte Figur zeigt eine menschenähnliche Gestalt, deren Beine allein 25 m lang sind. Der Körper mißt 50 m und das Haupt ohne den Kopfschmuck 10 m. Die Geoglyphen von Nordchile waren im Jahr 1967 durch Eduardo Jensen wieder entdeckt und erstmals fotografiert worden. Als Johan Reinhard diese erst in Abbildungen und dann am Fundort selbst betrachtete, wurde ihm klar: die Bildauffassungen der Figurenschöpfer vom Cerro Unitas und jener von Nazca waren ähnlich. Mußte nicht, so fragte er sich, wer dieses Konzept teilte, auch die kosmologischen Vorstellungen teilen, die ihm zugrunde lagen?

Bliebe noch von einer 2,5 km langen Linie zu berichten, die bei Chucuyo in Nordchile zur Spitze eines Hügels führt. Beide, Hügel und Linie, haben heute noch religiöse Bedeutung; denn oben auf der Hügelspitze wurde noch in jüngster Zeit den Bergen der Umgebung geopfert, damit sie Regen spendeten.

Die Opfer müssen aber nicht notwendigerweise nur auf Hügeln darge-bracht worden sein. Wir wissen, daß Gaben für die wichtigsten Wasser-spender in der Ebene auch heute noch dargebracht werden. Zum Beispiel wird auf der Plaza des Dorfes Chiapa und am Beginn von Bewässerungs-kanälen an einem anderen Ort mit Namen Socaire, ebenfalls in Nord-chile gelegen, den Bergen geopfert. Auch in einer dritten Bauernsiedlung mit Namen Talabre erfährt man von Opfern, die nicht auf einem Berg, sondern auf einem Plateau über dem Dorf dargebracht werden. Daraus ist zu schließen: Opferstätten können unmittelbar bei der Quelle selbst liegen, also auf dem Berg, aber auch auf einem offenen Platz, der den Blick auf den Berg als wichtigster Quelle menschlichen Wohlergehens freigibt, und einem Platz, der am Zusammenfluß zweier Wasserläufe liegt.

Man muß sich die schwierigen Lebensbedingungen der Bauern im Norden Chiles vorstellen können, um zu verstehen, warum sie alle Hoffnungen in die Hilfe der Berggötter setzen. Auf der Höhe von Arica, also bei 18,5° südlicher Breite, stellte man während 39 Beobachtungsjahren ein Jahres-mittel von 0,6 mm Niederschlägen fest. In Inquique, auf 20,5° südlicher Breite, ergaben die Messungen über 49 Jahre ein Mittel von 1,9 mm Nie-derschlägen pro Quadratmeter. Nur in 17 Jahren davon wurde die Menge von 2 mm Regen pro Quadratmeter überschritten. In Antofagasta, auf 23,5° südlicher Breite, betrug das Jahresmittel während 41 Beobachtungs-jahren 10,7 mm, in 25 Jahren davon fielen mehr als 2 mm, in zehn Jahren mehr als 10 mm Regen. Nur zum Vergleich: Das Jahresmittel in Freiburg i. Br. beträgt 933 mm Niederschlag pro Quadratmeter.

Im Nazca der Geoglyphenschöpfer hatten die Bauern ähnliche Sorgen wie die Bauern in Nordchile, und sie teilten aller Wahrscheinlichkeit nach die Grundüberzeugungen der Bauern im Süden, nach denen die Berge das Wetter und damit das ersehnte Wasser kontrollierten. Die Entdeckung der Geoglyphen in Chile und vor allem auch ihrer Funktion legten den Schluß nahe, die Linien und Bilder in der Pampa de San José müßten eigentlich auch als symbolische Verbindungen mit den Quellen der Fruchtbarkeit und des Wachstums gegolten haben, also dem religiösen Dienst an Berggöttern und Wasserspendern zuzuordnen sein.

Es gibt noch mehr Scharrbilder auf dem Cerro Unitas, deren allmählich versandende Umrisse man aus der Luft erkennt. Eine ähnliche Situation wie dort entdeckte Reinhard an der chilenischen Küste südlich der Stadt Iquique, wo zwei mehrere hundert Meter lange Linien von einer alten Opferstätte wegführen, die eine in Richtung Ozean, und zwar genau dahin, wo die Sonne sinkt, die andere führt in Richtung auf den höchsten Berg.

Johan Reinhard folgte in den nächsten Monaten verschiedenen Hinweisen in der Literatur und entdeckte, daß in anderen Gebieten der Kordilleren „strikte" Linien oder Pfade zur Berggötterverehrung geschaffen worden waren. Tony Morrison berichtete von langen, geraden Linien in Nordchile *und* Bolivien, die häufig auf Hügelspitzen zuliefen. Sie wurden nicht nur in alter Zeit benutzt. Am Ende solcher Linien standen manchmal auch Kruzifixe oder kleine Kapellen. Spanische Priester hatten die meisten errichten lassen, um die alten Indianergötter zu verdrängen. Manchmal wurden in ihnen einfach die traditionellen Gaben abgelegt, oder die Indianer hatten deren christlichen Gehalt wieder vergessen.

Wo Linien immer noch eine Rolle spielen

Wenn man an einem 13. September in das Dörfchen in der Nähe von Irpa Chica fährt, das in 3963 m Höhe südwestlich von La Paz liegt, kann man – wie Johan Reinhard – Augenzeuge einer Zermonie werden, die unser Thema auf eindrucksvolle Weise illustriert und auch wiederum Licht auf Nazca wirft. In der Nacht des 13. September nämlich ziehen die Dorfbewohner mit Musik auf einen nahen Hügel. Da sucht nicht jeder beliebig seinen Weg, sondern folgt einer kilometerlangen, geraden Linie, an deren Ende eine Kapelle steht. Die Kapelle ist neueren Datums, die Linie uralt. Die ganze Nacht tanzen die Dorfbewohner bei der Kapelle zu Ehren der Berggötter, und bei Sonnenaufgang kehren sie heim.

Des Gemeinschaftsfestes zweiter und ernster Teil beginnt am Nachmittag, wenn die Dorfbewohner erneut den 4250 m hohen Berg hinaufsteigen und auf der Spitze ein Ritual zu Ehren der Berge abhalten. Ein paar Tage später schließlich sehen wir verschiedene Familien in der Nähe der Kapelle in symbolischen kleinen Feldern, die sie mit Steinen eingegrenzt haben, mit Miniaturpflügen den Boden bearbeiten und pflanzen. In dieser Zeremonie opfern die Angehörigen den Bergen und bitten für das kommende Jahr um Regen und Wachstum. Obwohl dieses Fest mit einem katholischen Feiertag zusammenfällt, nimmt kein Priester daran teil. Es ist eine uralte indianische Sache.

Im rund 250 km weiter südlich gelegenen Dorf Sabaya in der Provinz Caranga lebt ein Mann, der Besuchern mit wissenschaftlicher Neugier eine reiche Quelle des Wissens über Linien und Berggötter sein kann. Von einer Linie weiß er zu berichten, die aus seinem Dorf direkt zum 5 km entfernten Berg Pumírí führt. Seine Spitze liegt 1000 m über dem Dorf. Die Leute von Sabaya nennen ihn ihren Hausberg, ihren Marka qollu. Sie verehren ihn auch als Neugründer ihres vor langer Zeit zerstörten Dorfes. Doch der mächtigste Berg des Gebietes ist der 5385 m hohe Tata Sabaya im Westen. Für ihn wurde beim Dorf ein Haus errichtet.

Zu Neujahr begeben sich die acht Führer der Dorfgemeinschaft, vier Hilakatas und vier Alcaldes, zu diesem Hausberg. Die Hilakatas steigen nun mit Opfergaben, darunter einem Lama, allein weiter auf zu dem in 4171 m Höhe errichteten Altar für Tata Sabaya. Hier opfern sie dem Berg im Namen der Dorfgemeinschaft, um seinen Segen für die Fruchtbarkeit der Herden und der Felder zu erlangen. In den frühen Stunden des neuen Tages zerschlagen die Hilakatas, bevor die Sonne aufgeht, in den vier nach Osten ausgerichteten Altarnischen Gefäße und gießen alkoholische Trankopfer aus. Anschließend töten die Männer auf der gesäuberten Fläche vor der Nische das mitgeführte trächtige Lama. Den Fötus, das Fett und die Wolle verbrennen sie. Das Blut opfern sie den Berggöttern der Umgebung. Außerhalb des geheiligten Bezirkes setzen sich die Männer dann nieder, um das gekochte Fleisch des Lamas zu essen. Die Reste der Mahlzeit vergraben sie.

Nach diesem Opfer folgt eine zweite Zeremonie, in der man die Überreste von „Tata Sabayas Sohn" aus einer Kapelle in Vitalina in sein „Haus" holt, um ihm dort zu opfern. Endlich wandern die Führer des Dorfes mit ihren Frauen auf der direkten Linie zur Spitze des Pumírí, wo der Kazike wiederum vor Sonnenaufgang ein Opfer darbringt. Zuerst werden vor der Kapelle Pusi Saya ein Schaf und ein Huhn getötet, damit der Christengott die Zeremonie segne. Auf einem Tisch werden sodann die traditionellen Gaben arrangiert. Das sind verschiedene Farbpulver, die Metalle repräsentieren, verschiedene Flüssigkeiten und Seemuscheln. Die Teilnehmer der Zeremonie tanzen eine Zeitlang vor der Kapelle, bis das eigentliche Opfer beginnt. Wieder wird den Bergen ein Lamm geopfert, und sein Blut wird in die vier Richtungen gesprengt. Dabei bitten die Teilnehmer für die vier Gemeinschaften, die Ayllus, im Dorf um den Segen der Berge. Während alle übrigen Teilnehmer in eine andere Richtung schauen müssen, wirft einer von ihnen die Gaben auf dem Tisch fort, oder er verbrennt und begräbt sie. In diesen Augenblicken springen alle auf und schreien. Das Zeremoniell endet mit einem gemeinschaftlichen Essen.

Auf dem Weg zurück zum Dorf folgen die Teilnehmer nicht wieder der Linie, sondern einer anderen traditionellen Route, entlang deren an verschiedenen Stellen zu bestimmten Jahreszeiten Opfer dargebracht worden sind. Es heißt, diese Plätze würden den Wind, den Donner und den Regen produzieren.

Auch den ferngelegenen hohen Tata Sabaya ersteigen die Leute von Sabaya bis zur Spitze, um ihm auf einem Altar und in Miniaturpferchen, -feldern und -häusern zu opfern. Dabei nehmen sie Meerwasser mit hinauf, das die Regenwolken rufen soll. Durch diese persönlichen Opfer wird der Tata Sabaya auch beschwichtigt; denn er wacht eifersüchtig darüber, daß man ihn nicht vernachlässigt. Er kann im Zorn die Herden töten und die Felder verdorren lassen. Auch die frühere Zerstörung des Dorfes wird ihm zugeschrieben.

Um die „Linie", die bei der Zeremonie auf dem Pumírí so wichtig ist, hat es noch eine besondere Bewandtnis. Der Berggott blickt, so glaubt man, ihrer Richtung folgend, direkt in das Dorf und verfolgt alle Aktivitäten, die auf ihr geschehen. Sie teilt zudem das Dorf in zwei Hälften, zwei Sayas, von denen wieder jede in zwei Ayllus zerfällt. Auch Pusi Saya, der Name der Kapelle auf dem Pumírí, bedeutet „Vier Abteilungen". Dort ist auch der Tisch ebenso wie der geheiligte Bezirk bei Tata Sabayas Haus in dieser Weise aufgeteilt. Die Opferstätten sind also ein Spiegel der menschlichen Gemeinschaft im Dorf.

Im Zusammenhang mit anderen agrarischen Festen, in deren Mittelpunkt die Erdmutter Pachamama steht, gibt uns Ana Maria Mariscotti de Görlitz noch einen tieferen Einblick in die Aufteilung der traditionellen indianischen Gesellschaft der Zentralanden. Sie ist weitaus älter als das Imperium der Inka, wurde sogar, wie wir noch sehen werden, von den Herrschern bei der Organisation des Staatsgebildes übernommen. Vermutlich war sie ihnen selbst in Fleisch und Blut übergegangen.

„Zu den agrarischen Festen", schrieb die Forscherin, „... gehören die rituellen Kämpfe in Form blutiger Auseinandersetzungen zweier Parteien ... Jene beginnen mit Bittopfern an Pachamama und die heiligen Berge: Man kämpfte mit Schleuder und Bola, zu Pferde oder zu Fuß; die siegreiche Partei bemächtigte sich der Waffen und Pferde, Frauen und Kleidung der Besiegten und entführten sie für einige Zeit. Bis heute ist das Bewußtsein lebendig, die Äcker wurden mit dem Blut der Toten und Verwundeten getränkt, damit es ‚ein gutes Jahr wird und es viel zu essen gibt'. Nach den Texten und Liedern zu urteilen, müssen in früherer Zeit sogar kannibalische Praktiken und Kopfjagd eine Rolle gespielt haben. Die Parteien", ergründete Frau Mariscotti, „repräsentierten die zwei Bevölkerungsgruppen ... der zentralandinen Gesellschaft und die mit ihnen verbundenen dualistischen Vorstellungen. Darum ist das Blutopfer auch nur wirksam, wenn eine bestimmte Partei gewinnt."[5]

Die dualistische Weltvorstellung, die die Forscherin meint, sind das männliche und das weibliche Prinzip, das auch in den Riten betont wird und die Gegensätzlichkeit der Geschlechter hervorhebt.

Auch bei der Reinigung der Bewässerungskanäle vertreten die Kultdiener je eine Hälfte des Dorfes. Am Titicaca-See werden übrigens unter Leitung des jeweiligen Kultdieners Frösche gefangen, die dem Heiligtum des Gewittergottes Illapa dargebracht werden. In den Liedern wird um Regen gebetet, und dann werden die Frösche der mitleidlosen Sonne ausgesetzt, damit sie mit ihrem Quaken den Durst der Erde hörbar machen und mit ihren Qualen die Bitten der Menschen unterstützen.

In Nazca nun orientierte sich Johan Reinhard über die Lage der wichtigsten Berge und der Linien. Wasserspender waren für die Bewohner der Hochebene die Kordilleren im Osten, aber auch die näheren Berge wie der Cerro Blanco. Fiel dort nicht genügend Regen, blieben nicht nur die Flüsse das Jahr über trocken, auch der Grundwasserspiegel sank und wurde unerreichbar. Johan Reinhard stellte fest, daß in der Pampa die größten Rechtecke zur Ostkordillere hin, also in Ostwestrichtung, verlaufen. Dort

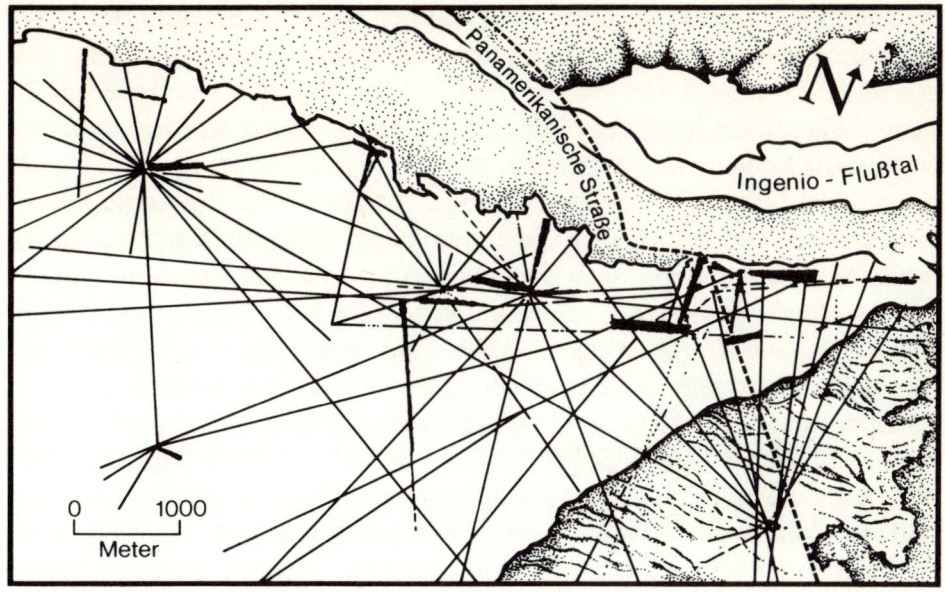

Die Nazca-Linien in einer übersichtlichen Darstellung. (Nach Maria Reiche 1968)

liegen auch die wichtigsten Quellen. Sozusagen „auf der Linie" liegt die Quelle des wichtigsten Flusses, nämlich, des Río Ingenio.

Die meisten Dreiecke in der Pampa de San José, deren Grundlinie nord-nordwestlich ausgerichtet ist und die mit ihrer Spitze nach Südsüdosten weisen, sieht Reinhard als rituelle Verbindungslinien zwischen dem Río Ingenío und dem Río-Nazca-Flußsystem vermitteln. In Cantolloc, östlich von Nazca, zeigen die Dreiecke zum Fuß des Cerro Blanco, wo sich nach den selteneren schweren Regenfällen Wasserläufe bilden. Alle Flußläufe in der Pampa umgeben die Ebene mit den Linien, während Hügel in fast allen Richtungen liegen. Der Berg Tunga erhebt sich im Süden.

Auf den Erhebungen nahe den Linien und auch an den Enden der Linien selbst hat man häufig Seemuscheln gefunden, die seit uralter Zeit als „Töchter des Ozeans" gelten. An einigen dieser Stellen wurden auch zer-brochene Keramik und Überreste von Tieren gefunden, was ebenfalls auf ihre Bedeutung auf Opferstätten hinweist. Die Funde erscheinen nur nach unseren Wertbegriffen als weniger bedeutend. Die Indianer haben dort vorwiegend vergängliche Dinge, darunter geheiligte Flüssigkeiten, geop-fert. Johan Reinhard kommt aufgrund seiner Forschungen zu folgendem Schluß: „Betrachten wir den früheren und den gegenwärtigen Glauben der Indianer, in dem der ganze Horizont der Berge als Spender des Wassers verehrt worden ist, und sehen wir die lebenswichtige Bedeutung des Wassers für das Volk von Nazca, wäre die Überraschung schon sehr groß, wenn nicht zuletzt auch die Nazca-Linien dazu benutzt worden sind, die Quellen der Umgebung zu verehren."[6]

Nahe den Linien und im Zentrum eines Rechtecks haben Archäologen auch Gräber entdeckt. Einige von ihnen haben daher auch einen Zusammenhang zwischen den Linien und einem Ahnenkult herzustellen versucht und gar angenommen, die sogenannten „Mounds" repräsentierten möglicherweise Geister von Ahnen. Es gibt allerdings viele Linien, die solch eine Hypothese kaum unterstreichen. Daß in Regenzeremonien auch ein Totenkult mitgespielt haben könnte, ist aber durchaus denkbar. Im Dorf Puquio bei Nazca zum Beispiel hat man beobachtet, wie in Regenzeremonien Geschenke für die Berggötter in uralten Gräbern dargebracht worden sind. In alten Tagen haben die Priester sogar Mumien aus den Gräbern getragen und in Regenzeremonien verehrt: „Der Glaube", sagte mir Johan Reinhard, „die Toten würden den Lebenden helfen, ist weit verbreitet gewesen."

Der „Fliegende Katzengott von Nazca"

Je komplizierter eine Linie sei, meint man, desto schwieriger sei ihre Deutung. Doch es ist genau umgekehrt. Die geraden Linien in der Pampa lassen wegen ihres unbestimmten Charakters viele Interpretationen zu, die sowohl ihre Funktion als auch ihre symbolische Rolle betreffen. Die komplizierten Linien dagegen drücken ja schon ein bestimmtes Bild aus. So machen die vielen Spiral- und Zickzackmotive in der Erde bei Nazca diese eine Antwort schon leichter, wonach bei den Spiral- und Zickzackmustern funktionelle Bedeutung schon einmal ausscheidet und nur mehr die symbolische bleibt. Doch läßt sie sich auch in Reinhards Hypothese einspannen?

Johan Reinhard schaute sich nach Hilfe bei seinen Kollegen um und stellte fest, daß sie eine ganze Menge zum Thema zu bieten hatten. Bei Horacio Lorrain las er, daß im alten Peru spiralige Muscheln in Kulthandlungen zur Erlangung von Wasser häufig eine Rolle gespielt hatten. Und Larrain glaubte auch, daß die spiraligen Muster von Nazca im Zusammenhang mit einem Wasserkult angelegt worden seien. Daß solche Muscheln weitverbreitete Instrumente in den Regenzeremonien der Andenindianer waren, ist bekannt. Der Archäologe Zuidema stellte fest, daß in den Hügeln bei den Nazca-Geoglyphen häufig Muscheln gefunden worden sind, und wertete sie ebenfalls als Opfergaben bei Wasserzeremonien.

Was die Zickzackmotive betrifft, so konnte Reinhard auf eine Studie über den Wasserkult im alten Peru verweisen. Darin ist von Pacchas die Rede. Das Wort bezeichnet Zickzackkanäle. Das Muster fand man auch anderswo immer wieder in Steine eingeritzt, und man grub Gefäße aus, deren Tüllen zickzackförmig modelliert waren. Das Motiv war im alten Peru auch in Nazca verbreitet und stand für das Zickzack der Flüsse und der Blitze.

Ein besonders oft dargestellter Gott von Nazca muß ein grausamer Gott gewesen sein. Ein Mischwesen, das Merkmale einer Raubkatze, eines Greifs und eines Menschen zeigt, soll Furcht einflößen. Auf dem Bild hält der Gott in seiner Rechten einen abgeschnittenen Menschenkopf am Schopf und einen langen Dolch in seiner Linken. So sehen wir ihn auf mehreren Darstellungen in der Keramik. Welche Rolle könnte er im Glauben des alten Nazca-Volkes gespielt haben? Vermutlich hat er die Gipfel der höchsten Berge bewohnt und von dort das Land beobachtet, und er hat – als Helfer des Berggottes oder gar als der Berggott selbst – den Wechsel von Regen, Sonne, Wolken und Wind bestimmt, ist also „Fachgott" für Wasser und Wachstum gewesen. Nach der Art der Vasenmalerei wird deutlich, daß er das Land überflog und aus der Vogelperspektive sah.

Solch ein „Fliegender Katzengott" hat nicht nur über Nazca gethront. Einen ganz ähnlichen Gott mit dem Kopfjagdopfer und dem Dolch zeigt eine Darstellung aus der Paracas-Kultur. Federico Kauffmann-Doig vermutet den Ursprung der „Fliegenden Katzenwesen" in der ältesten peruanischen Kultur, die schon lange vor Nazca Bedeutung erlangte, und zwar in der Chavín-Kultur. Als ich mit ihm gemeinsam die berühmten Tempelanlagen von Chavín de Huántar besuchte, hat er mir, in Flachreliefs geschnitten, verblüffend ähnliche Figuren gezeigt.

Johan Reinhard konnte feststellen, daß sich mancherorts der Glaube an diesen uralten „Fliegenden Katzengott" bis heute erhalten hat. In Peru und Bolivien fand er indianische Berggemeinden, wo die Bauern glaubten, ein Katzenwesen fliege über das Land, schleudere Blitze aus den Augen, uriniere Regen und speie Hagel. Es wohne beim Beherrscher der Wetterphänomene und Beschützer der Nahrungspflanzen. Bei einigen ist jener

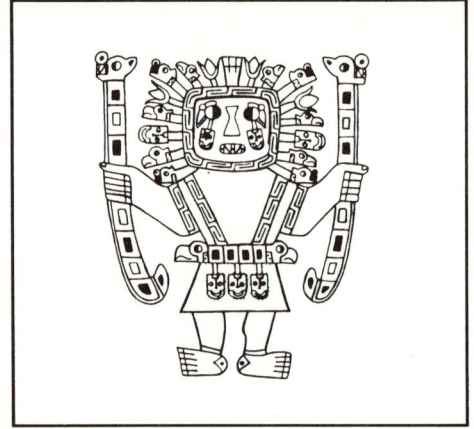

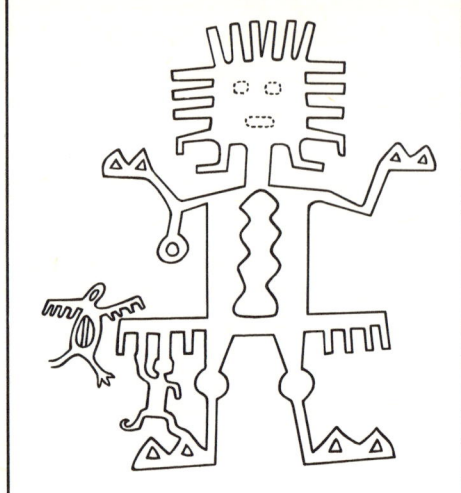

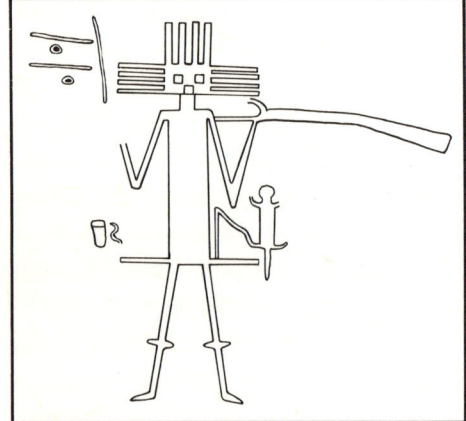

Verwandte Götter: Die drei Götterdarstellungen von Tiahuanaco, Nazca und vom Cerro Unitas haben nicht nur das starre Aussehen, sondern auch Symbole gemeinsam, die für die Fruchtbarkeit und Wachstum stehen.

Katzengott auch der Schutzheilige der Konquistadoren, Santiago. Da spielt schon Christlich-Katholisches in den alten Götterglauben hinein. Ganz ohne symbolische Umwege kommen Ketschua-Bauern in den peruanischen Departements von Cuzco und Apurimac aus: für viele von ihnen ist der Puma die „Katze" der Berggötter. Es scheint also die einheitliche Grundvorstellung zu herrschen, daß das Katzenwesen ein Helfer der Berggötter sei, das ihnen bei der Erfüllung ihrer Rolle als Wettermacher und Beschützer der Herden und Felder diene.

Und warum sehen wir diesen dienstbaren Dämon in Nazca und anderswo in den Motiven der Keramik und alter Webereien mit Kopftrophäen? Der Grund dafür könnte sein, daß er die ihm als Opfer dargebrachten Köpfe davonträgt. Auf ihre Bedeutung für die Fruchtbarkeit der Felder bin ich schon eingegangen.

Die Spinne, der Kolibri und der Regen

Wenn die Berggötter ihren Willen den Menschen kundtun wollen, nehmen sie auch die Gestalt des Kondors an und fliegen zu den Menschen, den Schamanen, die sich auf solche Begegnungen vorbereitet haben.

Dieser Glaube gehört nicht etwa der Vergangenheit an. Manche Andenbewohner in Zentralperu, in Bolivien und Chile leben ihn noch heute. Johan Reinhard erzählte mir, daß er in den Anden noch weit verbreitet ist. Auch in Puquio ist er noch lebendig. Stilisiert ist der Kondor auch als Scharrbild zu entdecken, das kürzlich in Nazca gefunden wurde.

Unter den Scharrbildern der Pampa de San José nehmen Tierdarstellungen den breitesten Raum ein. Maria Reiche hat davon ein ganzes Tableau zusammengestellt. Was immer sie darstellen, ob Affe, Killerwal, Kolibri, Eidechse oder Spinne, alle können wir sie mit dem Generalthema Fruchtbarkeit und Wasserkult in Verbindung bringen.

Eine besonders bekannte Geoglyphe von Nazca stellt eine Spinne dar, die seit uralten Zeiten in Verbindung mit dem Regen gesehen wird. Die Indianer einiger Gegenden Perus sagen, wenn sie in den Häusern auftauche, werde es bald regnen. Ganz gleich, ob Spinnen im Hause oder im Erdboden leben, ihr Erscheinen wird von alters her als Anzeichen für baldigen Regen gewertet.

Eine weitere Tiergeoglyphe zeigt einen Hund oder Fuchs. Beiden Tieren kommt in der Mythologie erhebliche Bedeutung zu. Danach habe der Fuchs in alter Zeit zum Beispiel einem Berggott geholfen, ein Bewässerungssystem östlich von Lima zu schaffen, erzählt eine Legende, die ein Spanier im Jahre 1608 veröffentlicht hat. Dies war nicht lange nach dem Ende der Inka-Zeit, während deren die Füchse den Berggöttern auch als Botschafter dienten. Heute noch diene nach dem Glauben verschiedener indianischer Berggemeinden der Fuchs den Berggöttern als Hund. Er sei, sagt man, wachsam in der Nacht und warne die Berggötter, wenn sich Fremde näherten. Im Zeremonialzentrum Pachacamac wurde ein Fuchsidol verehrt.

Die Rolle der Hunde ist nicht weniger interessant. Zur Inka-Zeit zum Beispiel haben die Bauern sie während der Trockenperiode im Freien angebunden und hungern lassen. Ihr Heulen sollte die Berggötter mitleidig stimmen und sie veranlassen, Regen zu schicken. Ausgräber haben Hunde auch in alten Gräbern gefunden. In Puquio, nahe Nazca, sollten sie die Toten in das Innere des Berges Coropuna begleiten.

Allen Besuchern Nazcas, die das weite Feld der Scharrbilder überfliegen, fällt unter den Bildern ein Affe mit spiralig eingerolltem Schwanz auf. Er „paßt" eigentlich als Bewohner der tropischen Niederungen nicht in die Landschaft. Daß die Nazcaner ihn dargestellt haben, ist ein Indiz für den weitreichenden Handel in der damaligen Zeit. Vielleicht haben die Händler den Käufern eine Interpretation gleich mitgeliefert, nach der das Tier in anderen Regionen Perus als Beschützer des Wassers und als Symbol dafür angesehen wurde. Affen und Eidechsen sind auf dem berühmten Stein von Sayhuite im peruanischen Hochland verewigt, der eine besondere Rolle in einem Wasserkult der Gegend spielte. Auch die Eidechse gehört zu den prominentesten Geoglyphen von Nazca. In Bolivien ist sie für manche Leute immer noch das Symbol für kommenden Regen.

Der Geoglyphenzoo verfügt über eine stattliche Sammlung verschiedener Vögel. Zwar haben wir Mühe, den alten Nazcanern immer zu folgen, einige ihrer Bilder aber können wir doch genauer bestimmen. Der Kolibri zum Beispiel ist eines der am besten erhaltenen Bilder. Mit dem feinen Schnabel und dem charakteristischen Flugbild erscheint er unverwechselbar. Er wird im übrigen auch auf Nazca-Keramik geradezu naturalistisch dargestellt. Über seinen mythologischen Rang im alten und neuen Peru wissen wir durch die Forscherin Elizabeth Benson bescheid. Elizabeth Benson hat in Erfahrung gebracht, daß die winzigen Vögel an der Nordküste als Botschafter der Berggötter angesehen wurden, während das Forscherpaar Buechler von noch lebendigen Mythen am Titicaca-See berichtet, in denen Kolibris als Vermittler zwischen den Menschen und den „Übernatürlichen" auftreten.

Noch klarer einsehbar und deutlich auf Wasser und Wachstum bezogen ist die Rolle der Wat- und Wasservögel in der Pampa. Auf einem Bild erscheint ein solches Tier mit einem Hals, der im Zickzack verläuft. Die Vögel selbst haben ihre Rolle im Wasserkult der Indianer in verschiedenen Regionen bis heute beibehalten. So berichtet der Tübinger Thomas Barthel in seinem Buch „Frühlingsfest der Atacamenos", daß zu den Opfergaben an die Berggötter Flamingofedern gehörten, während der Amerikaner Gary Urton in Nacza erlebte, daß die Bauern den Anblick eines Reihers und eines Pelikans als Anzeichen für baldigen Regen nahmen.

Am meisten verblüfft war ich über das Scharrbild eines Wales. Die Kenner sind sich einig darüber, daß es einen Killerwal darstellen soll. Solch ein Tier mit betont mächtigen Zähnen zeigt in ungewöhnlich ähnlicher Form auch eine Nazca-Schale, die man in Santiago im Chilenischen Nationalmuseum für Präkolumbische Kunst betrachten kann. Der Killerwal ist unter den Bildern gleich zweimal vertreten. Und genau wie ein weiteres Bild, das einen Fisch darstellt, lassen sich diese im Ozean lebenden Tiere im Zusammenhang mit Wasserkult und Fruchtbarkeit verstehen.

Überblickt man das gesamte Tierreich der Pampa, so fallen uns an der Spinne, dem Hund und dem Affen die überdimensionierten Geschlechtsmerkmale auf: es sind augenfällige Fruchtbarkeitssymbole.

Johan Reinhard hat all diese Bilder auf ihre Brauchbarkeit für und gegen seine Hypothese überprüft, und nicht bei einem einzigen ist er um eine Erläuterung verlegen. Ich will ihm nicht überallhin folgen, sondern nur noch zu einer ungewöhnlichen Geoglyphe, die offenbar eine Mißgeburt darstellt, bei der die eine der über den Kopf erhobenen Hände nur vier Finger aufweist. Bei ihrem Anblick wird man an den aus Inka-Tagen überlieferten und noch heute in einigen Anden-Regionen beheimateten Glauben erinnert, mißgestaltete Menschen (und auch Tiere) seien die Kinder von Blitz und Donner und auch Berggöttern und daher heilig.

Der Vorteil, den die Hypothesen von Johan Reinhard gegenüber anderen besitzen, ist ihr Eingehen auf sämtliche Scharrbilder von Nazca und auf die Lebensbedingungen in alter Zeit — die tägliche Sorge um die Fruchtbarkeit der Felder. Kritikern, die seiner Arbeit allzu viele Vergleiche aus unseren Tagen vorwerfen, entgegnet Johan Reinhard, daß die neuesten archäologischen, völkerkundlichen und geschichtlichen Forschungen in den Anden gezeigt haben, wie sehr die Völker verschiedener Regionen gewisse Grundauffassungen geteilt und sogar immer noch gemeinsam haben. Diese Tatsache erlaubt Reinhard auch, die verwandten Überlieferungen aus verschiedenen Regionen in seine Nazca-Hypothese einzufügen. Es ist also einleuchtend, wenn Johan Reinhard die absolut ähnlichen Scharrbilder Nordchiles zum Beweis dafür nimmt, daß in beiden Regionen verwandte Auffassungen geherrscht haben. Und es ist auch nur billig, wenn erhaltene Rituale, die aus der Tiefe der Zeit überkommen sind, auf ihre Deutungschancen hin untersucht werden.

Aufwendiger Dienst an den Berggöttern

Für den Anthropologen ergab sich folgendes Bild: Die Linien haben entweder zu Opferplätzen geführt, oder sie dienten als symbolische Verbindungen mit den wichtigen Quellen des Wassers. Die Tatsache, daß man sie am besten aus der Luft wahrnehmen kann, trägt der Fähigkeit des Hauptgottes im alten Nazca Rechnung, der als „Fliegendes Katzenwesen" das Land, die Opfergaben und die optischen Signale der Menschen aus der Luft überschauen kann.

Der „Fliegende Katzengott" – ich sehe ihn förmlich über den Geoglyphen von Nazca dahinsegeln und die Werke der Menschen betrachten! Manchem Besucher erscheint dieses Werk besonders dann, wenn er Däniken im Kopf hat, als so grandios, daß er es den alten Indianern kaum zutrauen mag. Nach allem, was die Indianerwelt durch die Eroberer und deren Erben an Verunglimpfungen erfahren mußte und letztlich immer noch erlebt, kann ich für diese Haltung eiliger Touristen noch Verständnis aufbringen. Woher sollen sie es besser wissen, wenn ihnen saubere Quellen nicht zur Verfügung stehen?

Autoren, die man ernst nehmen kann, hat natürlich nicht nur die Bedeutung der Nazca-Linien beschäftigt. Sie sind auch der Frage nachgegangen, welche Mühen sie die Urheber gekostet haben mögen.

Bei dem Naturwissenschaftler Tony Morrison können wir in „Pathways to the Gods" nachlesen, was er angestellt hat, um die geraden Linien nachzukonstruieren. Er stellte Schulkinder mit Pfählen auf, so daß eine lange, klare Sichtlinie entstand, entlang deren man graben konnte. Der Engländer hat nach seiner Methode auch errechnet, daß etwa tausend Menschen genügt hätten, um alle Geoglyphen binnen drei Wochen zu schaffen. Die Figuren wiederum könnten anhand eines Modells gestaltet worden sein, das nach einer bestimmten Maßeinheit auf den Erdboden übertragen worden ist.

Ich will mich auf die Erwähnung der beiden Quellen beschränken und eine in diesem Zusammenhang ganz aufregende Geschichte aus unseren Tagen in die Diskussion einführen, über die Tony Morrison und Rigoberto Paredes berichten. Wie wir ja inzwischen wissen, befinden sich den Nazca-Linien und -Bildern verwandte Erdzeichen auch in Bolivien und Chile. Und dort haben die beiden Forscher in Erfahrung gebracht, daß die Linien bestimmten Familien „gehören" oder auch Bevölkerungsteilen eines Dorfes. Die Leute glauben, und dies mag dem Einfluß der katholischen Kirche zuzuschreiben sein, wer die geraden Linien abschreite, dem würden seine Sünden vergeben.

In, kosmologisch betrachtet, ganz unmittelbare Nähe zu Nazca aber rücken einige Plätze in Nordchile, wo den wichtigsten Wasserspendern heute noch geopfert wird. In Chiapa zum Beispiel opfert man den wichtigsten Bergen von einer zentralen Plaza aus, in Talabre von einem Plateau über dem Ort, in Socaire am Beginn eines künstlichen Bewässerungssystems: jedesmal also nicht auf den Bergen selbst, sondern auf einem Platz oder einer für die Bewässerung wichtigen Stelle. Das erinnert an die Zentren auf der Hochebene von Nazca, von denen die Linien strahlenförmig ausgehen. Bei einem solchen Zentrum in der Nähe von Nazca fand der Archäologe Ralph Cane 1978 tatsächlich einen uralten Wasserkrug, der, nach den übrigen Fundumständen zu urteilen, zweifellos in einem Ritual verwendet worden war. Bemerkenswert ist auch die in der „Historia del Nuevo Mundo" zu lesende Nachricht, nach der bei Cuzco zur Inka-Zeit Familiengruppen entlang spezifischer Linien Opfer darbringen mußten. Diese Linien waren bei den Inka „gedachte" Linien, in Nazca und anderswo Wirklichkeit.

Fast alle Archäologen sind sich nach dem Motto, Rom sei auch nicht an einem Tag gebaut worden, darüber einig, die Nazca-Linien seien nach und nach in einem längeren Zeitraum geschaffen worden. Überträgt man die historischen Bekundungen und die heutigen Beobachtungen in Bolivien auf Nazca, so erscheint folgendes Bild denkbar: Familiengruppen und größere Gemeinschaften haben im Lauf einer längeren Zeit sich überlagernde heilige Linien zu ihren Opferstätten hin gezogen.

An solchen Fähigkeiten der Leute von Nazca sollte kein Zweifel herrschen. Wer nach ihrer hochentwickelten Keramik und ihren feinen Textilien vor allem die Reste der ausgeklügelten, technisch perfekten unterirdischen Kanäle betrachtet, der stellt fest: Verglichen mit diesem System, war die Anlage der „Götterpfade" draußen in der Wüste ein Kinderspiel. Kehren wir nun zurück zur Legende über die Berge Cerro Blanco, Illa-Kata und Tunga sowie zu den Aufregungen, die der Illa-Kata Johan Reinhard just an dem Nachmittag bereitete, als wir am Fuß dieses Berges Vicuñas filmten. Auf dem Illa-Kata hatten die alten Indianer eine Anzahl Strukturen hinterlassen, die dessen Rang als Opferberg bewiesen. Davon erzählte er mir, als er von seiner Bergwanderung zurückkehrte. Auf dem Cerro Blanco entdeckte er einige Zeit später Flußsteine und Baumwollpflanzen, die dem Berg zuvor im selben Jahr von der Bevölkerung dargebracht worden waren. Und auf dem Tunga? Im Dezember 1984 besuchte Johan Reinhard zusammen mit Louis Hauser den Berg, wo er zu seiner Freude neben Altarruinen Nazca-Keramik, viele Seemuscheln und die Scherben einfacher Wassergefäße fand.

Ein plastisches Bild der Moche-Welt

Als wären sie Leute von nebenan

Etwa 2000 km nördlich der Pampa de San José blühte zeitgleich mit Nazca die Moche-Kultur. Wenn wir heute von Ecuador her in diesen Landstrich bei der Küste Nordperus einfliegen, sind wir überrascht von dem klimatischen Kontrast, den wir sofort fühlen. Im Golf von Guayaquil ist die Luft tropisch-feucht und heiß gewesen, und hier umfängt uns jetzt eine komfortable Kühle, deren Ursache schon Humboldt beschäftigt hat. Er fand sie in der ungewöhnlich kalten, von der Antarktis herauf-ziehenden Meeresströmung, die seinen Namen trägt. Sie bändigt nicht nur die Hitze an der zu den Inneren Tropen gehörenden Küste, sondern löst zugleich auch die vom Pazifik kommenden Wolken auf.

Zur Zeit zwischen 100 v. Chr. und 900 n. Chr. dürfte die Lage kaum anders gewesen sein, und wir können die Sorge der Indianer von Moche für ihre Felder verstehen. Ihre Vorsorge manifestiert sich in den Resten gewaltiger Wasserreservoire, in Aquädukten und Bewässerungskanälen.

Die Menschen, die sie erbaut haben, kommen uns näher als die meisten anderen Träger der vorinkaischen Kulturen. Sie haben nämlich die Menschendarstellungen aus ihrer alten Erstarrung gelöst. Wir blicken in die Gesichter sogenannter Porträtgefäße der Moche-Zeit und entdecken Hoheit und Würde, Lebenslust und Schalkhaftigkeit, ja Schmerz und Trauer. Das bringt sie uns so nahe, als wären sie Leute von nebenan. Die Keramiker haben vermutlich immer eine bestimmte Persönlichkeit zum Vorbild gehabt, wenn sie ans Werk gingen.

Noch ganz andere Eigenschaften der Moche-Leute sind dem Archäologen Hans-Dietrich Disselhoff aufgefallen: „Neben einem vorherrschenden Typus, den man ... als ‚indianisch' bezeichnen könnte, sieht man Porträt-gefäße mit geradezu europäischen Gesichtszügen, eines erinnert fast an den Bamberger Reiter. Andere tragen unverkennbar mongolische, bis-weilen sogar negroide Züge. Diese Variationsbreite verwirrt, anstatt über die Moche-Leute Präzises auszusagen. Die wenigen mir bekannten

Skelettfunde aus Moche-Gräbern zeigten eine mittelgroße, schlanke Statur mit ausgesprochenen Langschädeln, im Gegensatz zu der ausgesprochenen Kurzschädelrasse, die in den Jahrhunderten kurz vor der Konquista im Moche-Gebiet heimisch war."[1]

Ich finde eigentlich, daß die Moche-Darstellungen doch sehr präzise sind. Sie sind nur für den verwirrend, der sich unter den Bewohnern Amerikas Menschen eines einheitlichen Rassentyps vorstellt. Daß dem nicht so war, wissen wir schon lange.

Mit den Menschen „kurz vor der Konquista" meint Disselhoff das Chimú-Volk, dessen 10 000 km² große Hauptstadt Chanchan bei Trujillo eines der mächtigsten Bauzeugnisse Altamerikas ist. Aber zurück zur Moche-Welt.

Der größte Adobe-Bau Amerikas

Die Kultur trägt wie viele andere einen Namen, den ihr die Archäologen nach dem Dorf und dem Fluß, der seine gelben Fluten daran vorbeiwälzt, gegeben haben. Sie hätte auch Tumbez oder Pativilca heißen können, denn so weit hatte sie sich, dem Fundgut nach zu schließen, ausbreiten können. Freilich, ihre eindrucksvollsten Bauten erheben sich bei Moche. Die Mondpyramide, wie man sie nannte, wurde, weithin sichtbar, in eine Felsnase des Cerro Blanco gestuft, während der weitaus mächtigere Tempel der Sonnenpyramide sich über 40 m hoch aus der Wüste erhebt. Sie wurde ganz aus Lehmziegeln errichtet und vermutlich mit Wandmalerei und Flachreliefs verziert. Sie ist der größte Adobe-Bau Amerikas.

Auf der obersten Plattform dieser „Pyramidenstümpfe" erhoben sich die eigentlichen Heiligtümer. Götterberge nannten die Ausgräber sie auch.

Die meisten Bauten dieser Art konzentrierten sich auf die beiden fruchtbaren Flußtäler des Río Moche und des Río Chicama. „Hier" lag nach Disselhoff, „das Zentrum der Blütezeit, von hier aus verbreitete sich die vor allem in ihrer bemalten Keramik für den Laien auch leicht erkennbare Kultur über das Virú-Tal hinaus bis zum Casma-Tal. Nach neuesten Erkenntnissen müssen Teile des Moche-Volkes wahrscheinlich zuerst im äußersten Norden Perus in der Landschaft von Vicús, Departement Piura, erschienen sein. Woher sie kamen, wissen wir nicht. Jedenfalls kam aus dortigen Schichtgräbern seit Beginn der 60er Jahre ... figürliche Keramik ans Tageslicht."[2]

Das Zusammengehen der verschiedenen Gemeinschaften in den Oasen zu einem Volk müssen wir uns wohl als eine Reihe von Fehden vorstellen, an deren Ende dann ein mächtiger Fürst, glücksbegünstigter Kriegsherr oder auch einflußreicher Priester die Oberhoheit gewann. Weshalb ich diesen Schluß ziehe? Weil Porträtgefäße, die man in weit voneinander entfernt liegenden Gebieten gefunden hat, immer wieder die unverwechselbaren Züge ein und desselben Mannes trugen. Die Gefäße lagen, als sollten sie die Toten für gute Dienste belohnen oder begleiten, in verschiedenen Gräbern.

Hatten die begabten und nach ihren Schlachtendarstellungen auch kriegstüchtigen Leute von Moche schon zuvor zu ihrer hochwertigen Keramik gefunden, zu ausgereiften Gold-, Silber- und Kupferarbeiten, zu vielseitigen Textilarbeiten, so gewannen sie wohl jetzt die organisatorischen Voraussetzungen, die zum Bau der großen Wasserbehälter und Kanäle führte.

Landwirtschaft hatte vor der Jagd und dem Fischfang Vorrang im Moche-Gebiet. Wahrscheinlich genügten den Fischern damals schon Binsenboote für das Auslegen der Netze, die wir bei Trujillo bei unserem Besuch im Jahr 1983 vorgefunden haben. Die geschickten Fischer reiten damit auf den Wellen, wenn sie angeln oder mit dem Netz fischen. Caballito del Mar nennen sie ihre Binsenboote, das heißt Seepferdchen.

Die Bauern von Moche waren sehr fortschrittlich. Man kann sogar annehmen, daß sie von den Vogelinseln vor der Küste den Guano abgebaut haben. Jedenfalls können wir im Museum Larco Hoyle in Lima eine Keramik betrachten, die Binsenboote bei der Landung auf einer Guano-Insel zeigt, und auf den Guano-Inseln selbst überdauerten wiederum Figuren der Moche-Kultur.

Zu den bedeutendsten Werken Altamerikas gehören die Moche-Bewässerungsanlagen im Chicama-Tal. Ein Reservoir nahe bei San José faßte mehrere tausend Kubikmeter Wasser. Von einem Aquädukt, das über der Ortschaft Ascope verläuft, sind noch etwa 2 km erhalten, und ein Bewässerungskanal, dessen Verlauf Federico Kauffmann-Doig verfolgt hat, war 113 km lang.

Anleihe bei den Priestern von Chavín de Huántar

Es gibt eine „Bibliothek" in Bildern als Vasenmalerei, die uns die Götter der Moche-Zeit ein wenig näherbringt. Gerdt Kutscher, der verstorbene Direktor des Ibero-amerikanischen Instituts in Berlin hat sie aus den vielen Moche-Motiven zusammengestellt, die er erreichen konnte, und den Versuch einer Deutung unternommen. Leider ist diese Arbeit nicht vollendet worden. Doch die Bildhaftigkeit der Vasenmalerei verrät uns schon einiges. So hat das Volk fast alle seine Gottheiten mit Eigenschaften ausgestattet, die an die Jaguargottheiten von Chavín de Huántar gemahnen. Sie haben neben ähnlichen Zügen die überbetonten Fangzähne des Jaguars. Die Phantasiewelt der Menschen ist darüber hinaus belebt von Mischwesen. Füchse tragen Menschenbekleidung. Ebenso Eulen, Hirsche, Eidechsen und andere Arten. Feldfrüchte haben menschliche Züge, und Menschengesichter entdecken wir sogar auf verschiedenen Gebrauchsgegenständen und Waffen. Auf all das hat sich die Amerikanistin Elizabeth Benson den bislang wohl klarsten Vers gemacht. Danach stammt die oberste Gottheit im Moche-Land ihrem Ursprung nach aus Chavín de Huántar. Sie thronte in den Bergen und war von Katzenwesen, Vögeln und Seemuscheln umgeben. Dieser Gott hat den Mais aus der Sierra gebracht und an der Küste eingeführt[3]. Die Pyramiden nun sind Repräsentanten der heiligen Berge in den Küstentälern, und es ist kein Zufall, daß die meisten von ihnen in dem Gebiet zwischen dem Nepuña- und dem Chicama-Tal liegen, wo die wichtigsten Flüsse fließen.

Mit dieser Deutung der Moche-Heiligtümer wird die Anthropologin zur willkommenen Verbündeten Johan Reinhards, der nur noch auf die Abhängigkeit der Landwirtschaft in den dichtbesiedelten Tälern von den Regenfällen in den östlichen Bergen hinweisen muß und die Huldigung der Berggötter in anderen Kulturen, die ausgeklügelte Bewässerungssysteme besaßen. Nahe den Flüssen, die ins Moche-Land flossen, verehrte man später den Gott Catequil, der über die Fruchtbarkeit der Felder wachte. Er residierte in den Bergen. Das Volk der Chimú, das etwa ab 1050 n. Chr. seine Eroberungen begann und auch die Moche-Täler einnahm, hat vermutlich schon diesem Gott gehuldigt, als die Inka 1465 das Chimú-Imperium besiegten. Unter ihrer Regierung war Catequil ein wichtiger Gott der Region. Er könnte aber zu dieser Zeit schon ein uralter Gott gewesen sein, der seinen Eigenschaften nach schon zur Moche-Zeit in den Köpfen der Menschen lebte[4].

Hans-Dietrich Disselhoffs Beschreibung eines Grabfundes, den der Amerikaner William D. Strong gemacht hat, verdanken wir, daß uns Priester, die den Moche-Göttern dienten, besonders klar vor Augen treten: „In einem kastenähnlichen Sarg aus Rohrstäben ... ruhte die Leiche eines uralten Mannes mit einem prächtigen Halsschmuck aus Türkisen. An seiner Seite lag der Körper eines Knaben von etwa elf bis zwölf Jahren. Die über beiden liegenden Zeremonialstäbe aus reichbeschnitztem Holz und Inkrustationen mit Steinen sind jetzt im Nationalmuseum in Lima ausgestellt. Eines dieser Zepter endet in einer Art Plattform, auf der ein alter Mann mit Raubtierzähnen steht, neben ihm ein kleiner Junge mit gleichen Attributen. Als Gürtel trägt der Alte eine Schlange. Man darf annehmen, daß es sich um priesterliche Diener des höchsten Moche-Gottes handelt, dessen Hüften stets mit einer züngelnden Schlange umgürtet sind. Die mit farbiger Muschelschale inkrustierte Holzskulptur wäre dann das Abbild des Gottes, in dessen Gestalt der Priester und sein Gehilfe sich dem Volk zeigt. Vermutlich mußte das Kind den Greis in sein Grab begleiten, ebenso ein Sklave im besten Mannesalter, der als Wächter am Eingang des Grabes lag. Die Gebeine zweier geopferter Lamas und Frauen wurden ebenfalls im Grab gefunden."[5]

Ein Gefäß der Nazca-Kultur mit dem Bild eines Dämonen, der einen Kopf in den Fängen hält.
Foto: Ibero-Amerikanisches Institut

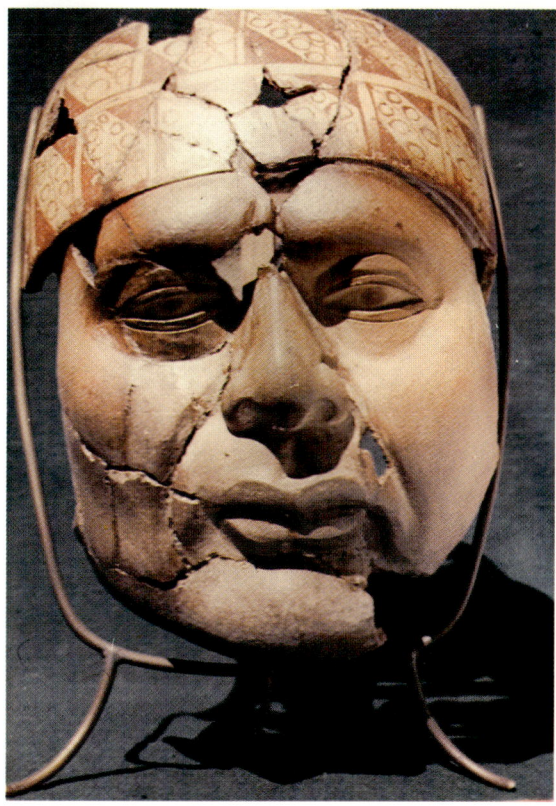

Moche-Keramik gibt uns, wie hier, ein detailgetreues Abbild der Menschen, die der Moche-Kultur angehörten.
Foto: Ibero-Amerikanisches Institut

Schneeweiß und majestätisch erhebt sich der Illimani in den nächtlichen Himmel über La Paz.
Foto: Ibero-Amerikanisches Institut

Blick über den „Versunkenen Tempel" auf die Wände der Calassasaya im Tempelzentrum von Tiahuanaco.
Foto: Ibero-Amerikanisches Institut

Auch ein bedeutender Götterberg in Bolivien, der Illampu.
Foto: Ibero-Amerikanisches Institut/Klaus Pedro Schütt

Ein Lama wird den Berggöttern geopfert, unter denen der Illampu den Menschen auf der Isla del Sol als wichtigster gilt. Ein Yatiri, so heißt der Spezialist für den Opferritus, hat die Opferstätte während einer Zeremonie in den Ruinen von Pilcokayna eingegeben bekommen.
Foto: Johan Reinhard

Oben: Der Titicaca-See nahm in der Kosmologie der Inka und auch der Träger der Tiahuanaco-Kultur einen besonderen Rang ein.
Foto: Ibero-Amerikanisches Institut

Unten: Felder am Ufer des Titicaca-Sees. Das fruchtbare Land wurde immer wieder überschwemmt.
Foto: Ibero-Amerikanisches Institut/Klaus Pedro Schütt

Tiahuanaco, „Kon-Tiki" und die Vernunft

Das majestätische Szenario

Bei der Stadt Arica sehen wir im Profil des südamerikanischen Halbkontinents einen scharfen Knick. Konsequent verläuft die Küste von nun an in Nordsüdrichtung. Die Gebirgsstränge der Ost- und der Westkordilleren streben auf dieser Höhe ungewöhnlich weit auseinander, und, eingebettet zwischen ihnen, dehnt sich das Hochland in seiner Breite über 500 km weit aus. Von Norden nach Süden nimmt es ganze acht Breitengrade in Anspruch. Wir sind im Altiplano.

Da ist auf dieser Hochebene mit ihren Becken- und Tafellandschaften nicht ein Wasserlauf, der die Gebirge zerschnitte und nach Amazonien oder zur Küste hin durchbräche. Einen Großteil des Wassers im Norden des abflußlosen Landes sammelt der Titicaca-See. Sein Spiegel liegt 3812 m über dem Meer. Mit 8300 km² Fläche und einer Tiefe von 263 m bildet er das größte Wassersammelbecken der Anden. Über den Río Desaguadera ist er mit einem zweiten See, dem Lago Poopó, verbunden. Der Gebirgsstrang, der den bolivianischen Altiplano im Osten abriegelt, trägt einen vergletscherten Kamm. Ab 5200 m Höhe liegt ewiger Schnee. Die berühmte Cordillera Real Boliviens gipfelt mit 7010 m im Illampu. Der Illimani ragt 6462 m hoch in die dünne, kalte Luft. Für die höchstgelegene Hauptstadt der Welt, das zwischen 3600 m und 3900 m in einem Kessel gelegene La Paz, bilden diese schneebedeckten Berge eine wahrhaft königliche Kulisse. Sie sind auch das Szenario für Tiahuanaco.

Tiahuanaco! Das Tempelzentrum verkündet auf dieser Hochebene seit Jahrhunderten den Ruhm seiner unbekannten Erbauer, ohne je sein wahres Geheimnis preisgegeben zu haben. Aus einem einzigen Stein gehauen, steht dort der monumentale Bau des Sonnentores. Touristenströme werden immer wieder zu diesem grandiosen Bauwerk geleitet, und Generationen von Archäologen sind am Südufer des Titicaca-Sees an Land gegangen, um die 20 km zu dem altindianischen Bauwunder zu reisen und es zu ergründen.

110

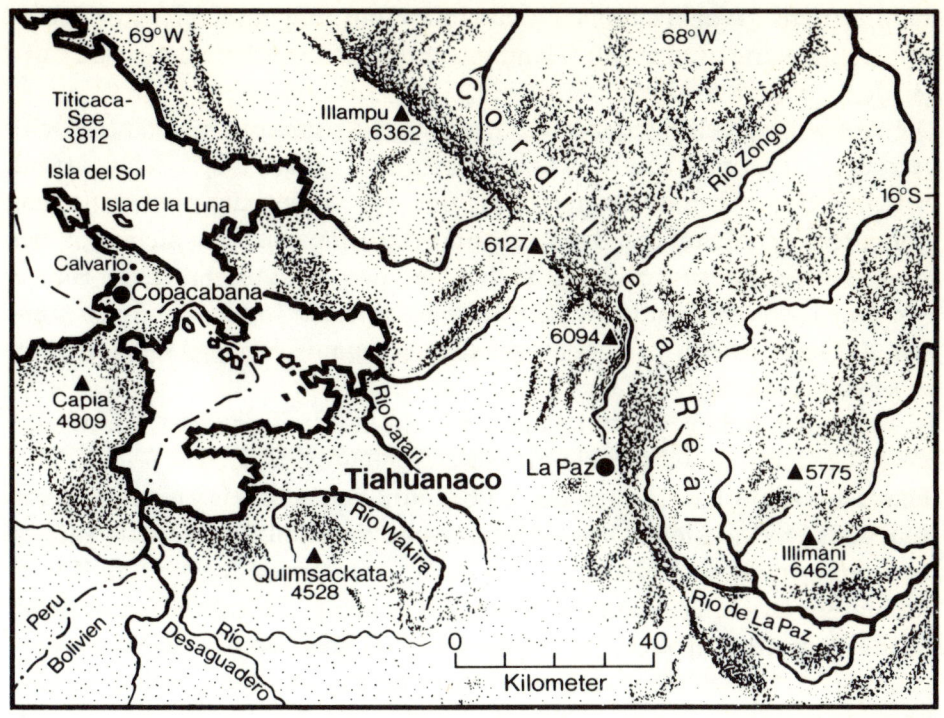

Die Lage des Zeremonialzentrums von Tiahuanaco nahe dem Titicaca-See.

Sie haben nicht ganz vergeblich geforscht, denn soviel ist über das Sonnentor inzwischen klar geworden: Es rühmt als Bau zwar die Menschen, die es errichteten, aber es steht nicht da zum Ruhm der Menschen! Es steht da zum Ruhm eines Gottes. Wie Chavín de Huántar ist auch Tiahuanaco ein Zeremonialzentrum von Rang, das unter der Herrschaft mächtiger Priesterfürsten errichtet worden ist. Begonnen wurde das klassische Tiahuanaco im 5. Jahrhundert n. Chr., gedauert hat es länger als das Römische Reich.

Vom Süden Perus über Bolivien bis zum Norden Chiles haben Indianer die charakteristische Ikonographie Tiahuanacos in Stein gehauen, in Keramik geritzt und gebrannt und in Stoffe gewebt. Wie zuvor schon Chavín de Huántar, das manche verwandte Eigenschaften aufweist, hatte hier vor den Inka eine zweite Indianerkultur die Grenzen lokaler Bedeutung gesprengt. Mit militärischer Gewalt? Kraft seiner religiösen Botschaft? Kraft seines Ranges als Handelsplatz? War Tiahuanaco nur ein Stil, der sich in den Steinarbeiten, in der Keramik und in den Textilien manifestierte? War Tiahuanaco ein Imperium, das anderen seine Herrschaft aufzwang? Oder war Tiahuanaco eine Priesterkaste, die sich aufgerufen fühlte, alle Völker zu lehren?

Die Antworten verschiedener Autoren waren romantisch, phantastisch, verrückt, nationalistisch, waren nüchtern, vorsichtig, schwankend zwischen Sowohl und Als auch. Ja, und wir finden die phantastischen Antworten nicht nur bei Däniken und die romantischen nicht nur bei Heyerdahl, sondern durchaus auch unter den Wissenschaftlern. Einige von ihnen wollen damit das Selbstbewußtsein des Landes Bolivien stärken, das seine Identität zu Recht aus dem vorspanischen Teil seiner Kultur zu gewinnen sucht.

Gewinn aber haben wir nur, wenn wir die Fakten sprechen lassen und wenn die Deutung der Geheimnisse diesen nicht widerspricht.

Thor Heyerdahl hat Tiahuanaco so bekannt gemacht wie kein Autor vor ihm, weil er eine kleine, vom Archäologen Wendell C. Bennett Anfang der dreißiger Jahre in Hausmüll entdeckte Tiahuanaco-Statue zum Wahrzeichen seines Unternehmens „Kon-Tiki" machte. Er sah, wo gründliche Beobachter einen großen, durchaus charakteristischen Nasenschmuck erkannten, im Gesicht der Statuette eine Barttracht und fand die indianische Legende bestätigt, von der Cieza de León 1550 beim Besuch der Ruinenstadt Huari hört. Nach ihr haben bärtige weiße Männer Huari gegründet. Heyerdahl kommt eine solche Legende auch über Tiahuanaco zu Ohren. Er macht damit den Wind, der seinem Unternehmen „Kon-Tiki" die Segel steift. Danach sind bärtige Nordländer nach langer Fahrt an der Küste Südamerikas an Land gegangen und haben die Hochebene erobert.

Erich von Däniken entdeckte später Fahrer ganz anderer Herkunft. Als er das Sonnentor von Tiahuanaco erblickte, wußte er sofort, daß deren Erbauer nicht von dieser Welt waren. Er machte sich die Tatsache zunutze, daß die schweren Monolithen über eine Anzahl von Kilometern herbeigeschafft worden waren und man die Bäume vermißt, auf deren Stämmen Arbeiter sie an ihren neuen Platz gerollt haben könnten. Noch mehr kam ihm eine alte Legende zustatten, nach der Riesen den Tempelbezirk vor Jahrtausenden errichtet hätten. Was läßt sich nun greifen, was nicht?

Greifbar sind Textilien, Keramik, Vasenmalerei, Skulpturen, sind Metallarbeiten und Architektur, die die Angehörigen der Tiahuanaco-Kultur vom 4. Jahrhundert n. Chr. an geschaffen haben. In den Schmiedewerkstätten wird Kupfer, Gold und Silber gehämmert, getrieben, gegossen und wird – vermutlich zum erstenmal im indianischen Amerika – Kupfer und Zinn zu Bronze legiert. Den Indianern hier ist kaum eine Technik fremd, und die Qualität ihrer Gobelins ist nicht zu schlagen. Die Töpfer formen Flaschen, Schalen, Räuchergefäße auch in Tierformen, formen sie rundherum sicher aus der Hand und bemalen sie vor dem Brand mit mehrfarbigen Motiven, bei denen Schwarz, Weiß, Gelb und Orange vorherrschen. Das meiste davon haben allerdings Indianerkulturen, die dieser vorausgegangen waren, auch vermocht. Und überall im alten Amerika stehen längst auch stattliche Zeremonialzentren, die Abbild der Weltvorstellungen ihrer Erbauer sind. Das Besondere an dieser Kultur aber ist ihre Architektur und sind, damit verbunden, ihre Steinmetzarbeiten.

Diese Leistungen bewundern wir in Bolivien bei jenem kleinen, traurigen Dorf auf dem Altiplano, das der ganzen Kultur den Namen geliehen hat, Tiahuanaco. Bolivien ist auf die uralte, vermutlich 800 km² große Tempelstadt mit dem gigantischen Pfeilerkranz um den Bau der Calassasaya, dem hoch auf einem Hügel sich erhebenden Sakralbau, den man Accacapana nennt, dem Templete Semisubterráneo, den monolithischen Treppen, Pfeilern, Toren so stolz, daß sie diese zum Nationalheiligtum erklärt hat. Mehr als 500 km² nehmen schon die ausgegrabenen Relikte der Götterstadt ein. Das entspricht der Fläche von Berlin (West).

Wir gehen hinein in die Tempelstadt, um die Bauwunder der alten Indianer aus der Nähe betrachten zu können. Die eindrucksvolle Calassasaya, deren 5 400 m² große Grundfläche von gewaltigen Pfeilern umringt wird, erinnert entfernt an Stonehenge. Zur Zeit, als Tiahuanaco mit Leben erfüllt war, war der Bau zwischen den gewaltigen Steinblöcken mit Mauersteinen ausgefüllt. Welchem Zweck mag das Rund gedient haben? Ist es eine den Göttern geweihte Stätte oder ein Wohnpalast der Priester gewesen?

Entschieden scheint die Frage bei der benachbarten Accacapana zu sein. Ihre Gestalt legt nach allem, was wir über Sakralbauten wissen, die Annahme einer Tempelpyramide nahe: Ein stattlicher, mit Steinen bedeckter Erdhügel von etwa rechteckigem Grundriß besitzt Treppen, die sich bis zur Plattform auf dem Bau darüber fortsetzen. Die Funktion eines Sakralbaues hat er auch mit dem halbunterirdischen Tempel – Templete Semisubterráneo – gemeinsam. Der Bolivianer Carlos Ponce hat diesen im Lauf der fünfziger Jahre freigelegt, mit einem in den Boden eingetieften Hof, der, wieder in rechteckiger Form, von Pfeilern und Mauerwerk umfriedet ist. Ein weiteres Bauwerk von Rang ist Puma Punku. Was aber in Tiahuanaco die meisten Besucher anzieht, ist das „Sonnentor": 4 m breit, 3 m hoch, aber nur mit einem 80 cm hohen Durchlaß versehen, ist es aus einem einzigen Andesitblock gehauen worden. Frei wie heute hat es früher sicher nicht gestanden. Vielleicht war es der Eingang in einen Tempel. Darauf läßt uns auch das Fries im oberen Drittel des Tores schließen. Eine unheimliche Gottheit will uns da einschüchtern. Das seltsam starre Antlitz ist von einem Mäanderband umrahmt, von dem ein Strahlenkranz ausgeht. Fünf der 19 Strahlen enden in einem Raubtierkopf. Der Eindruck des Unheimlichen verstärkt sich noch, wenn wir auf die Arme der Gestalt blicken; denn an ihren Ellbogen hängen abgeschnittene Menschenköpfe. Der Gott steht auf einem mehrstufigen Sockel, von einer Reihe geflügelter Genien angebetet, die zu seiner Linken und seiner Rechten in drei übereinanderliegende Registern eingemeißelt wurden. Von den beiden mittleren dieser Friesstreifen blicken Kondorköpfe zu dieser zentralen Gottheit auf, während die Götter auf den oberen und unteren Steinbildern menschliche Häupter aufweisen, die von Schlangenkronen geschmückt sind. Das über die ganze Breite des Tores reichende Flachrelief schließt mit einem Band von Gesichtern ab, die wir als Wiederholung der starren Züge des zentralen Gottes entdecken.

Noch weitere, allerdings schmucklose Tore aus einem Stein stehen in Tiahuanaco, doch bis auf eines sind sie alle kleiner. Zu diesen Toren kommen weitere, monolithische Bildwerke, denen das Wort Statuen zuviel Ehre antut. Nur kantige Steine sind es, in die indianische Steinmetze flache Reliefs und Gravuren geschlagen haben. Die größte davon, mehr als 5 m hoch, heißt nach ihrem Entdecker Wendell C. Bennett „Estela Bennett".

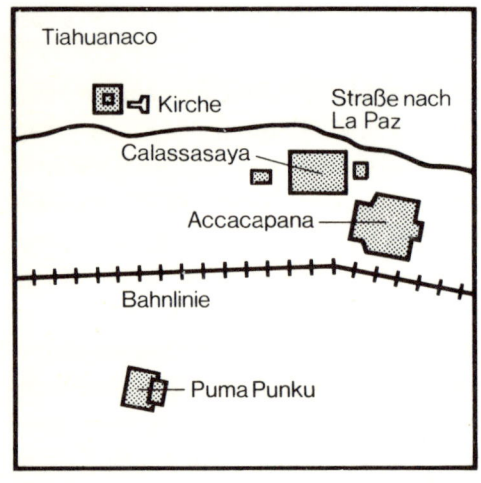

Aufsicht mit den wichtigsten der ausgegrabenen Strukturen in Tiahuanaco.

Auf ihrer Rückfront finden wir übrigens einen Teil der Symbole des Sonnentores wieder.

Diese Symbole sollen noch im ganzen Land wiederkehren. Über die Gründe dafür sind die Archäologen nicht einig. Dies ist eine Version. Im 9. Jahrhundert n. Chr. gerät ein von Tiahuanaco beeinflußtes Volk in Eroberstimmung und trägt das kantige Bild des Gottes auf dem „Sonnentor", dazu Raubtier- und Schlangenebleme, in die unterworfenen Lande, trägt sie weit nach Norden, bis hin nach Lambayeque an der Küste und Cajamarca im Gebirge. Im Süden erreichen die Scharen den Río Sihuas. Das Zentrum dieses militärisch gewachsenen Reiches scheint Huari gewesen zu sein, das wir als große Ruinenstätte 25 km nördlich der peruanischen Stadt Ayacucho finden. Überall wandeln sich unter seinem Einfluß Dörfer zu Stadtanlagen mit festen Mauern, einem Platz in der Mitte, um den sich feste Häuser reihen. Paquillacta bei Cuzco und Pachacamac an der Küste bei Lima sind bedeutende Anlagen der Huari-Art. Huari-Städte entwickeln sich auch, weil der Feldbau durch ausgeklügelte Bewässerungssysteme intensiviert wird. Wir finden die charakteristischen Städte auch im Tal von Virú, bei Moche, in den Flußtaloasen von Ica und Nazca und sogar im Hochgebirgstal von Callejón de Huaylas.

Wir sehen, wie sich die Weltvorstellung, für die Tiahuanaco das priesterliche Zentrum ist, allmählich überall auf den genannten Schauplätzen durchsetzt. An der Nazca-Keramik entdecken wir, daß es dort wie auch anderswo wohl mehrerer „Eroberungswellen" bedurfte. Dort behaupten sich vor allem auf den Tonbechern zunächst die alten Bemalungen, ehe man „in der dritten Phase" Tiahuanaco-Motive aufnimmt. Die Moche-Kultur geht im Norden Perus unter dem Pfeilhagel der Huari-Krieger wohl vollständig unter. Doch zeigt sich zuerst vielfach neben dem allmählichen Wandel, der Aufnahme von Huari-Eigenschaften eine Verschmelzung regionaler Stile mit denen von Huari in der Keramik und vor allem in den Textilien. Sie haben sich freilich fast ausschließlich an der trockenen Küste erhalten und zeigen immer wieder Varianten des Frieses auf dem Sonnentor von Tiahuanaco.

Wir wissen aus den Befestigungen um den militärischen Charakter der Huari-Kultur. Die in Tiahuanaco manifestierten Weltvorstellungen, die ab 400 n. Chr. im Hochland Boliviens, ab 700 n. Chr. auch an der Küste Perus längst Einzug gehalten hatten, dürften also durch den Krieg ab 900 n. Chr. ihren mächtigsten Impuls und ihre weiteste Verbreitung gefunden haben.

Neues Licht fällt auf das Sonnentor

Was war das für ein Gott, der die Indianer zu den ungeheuren Energie-leistungen brachte, tonnenschwere Megalithen über viele Kilometer zu transportieren und nahe dem Titicaca-See eine so gewaltige Stätte zu seiner Verehrung zu errichten? Hans-Dietrich Disselhoff, der in seinem Buch „Imperium der Inka" 1972 das erreichbare Forschungsmaterial aus-breitete, resignierte nach einem kurzen Blick auf die gesammelten Un-sicherheiten mit der Feststellung: „Ein annähernd gültiges Verständnis davon, welche kosmischen Vorgänge hier ihren Ausdruck fanden, wird uns wohl immer verschlossen bleiben."[1]

Vierzehn Jahre später lesen wir die Zeichen von Tiahuanaco besser. Zu-nächst stellen wir fest, daß eine wachsende landwirtschaftliche Produk-tion für Überschüsse sorgte und Kräfte freisetzte, die sich der Errichtung der Tempelbauten widmen konnten. Das war hier nicht anders als in den meisten Zeremonialzentren des alten Amerika.

Die Ernten aber, die von den groß gewordenen Indianergemeinschaften benötigt wurden, waren im Geltungsbereich von Tiahuanaco keineswegs nach Qualität und Menge immer sicher. Frost hat zum Beispiel im 16. Jahrhundert in einem einzigen Jahr an die tausend Lamas getötet. Wer den Altiplano kennt, der weiß, welche Wetterextreme das Land oft-mals heimsuchen. Hagelschlag zerstört immer wieder die Ernten ganzer Dörfer. Grimmige, elektrizitätsgeladene Stürme töten Menschen und Tiere. Kein Wunder also, daß der Mensch nach übernatürlichen Verbün-deten suchte und noch sucht.

Fahndet man in der Ikonographie von Tiahuanaco nach solchen Ver-bündeten, so fallen einem zunächst Ähnlichkeiten mit den Gottheiten von Chavín de Huántar auf. Federico Kauffmann-Doig und andere Archäolo-gen haben darauf hingewiesen. Wichtig ist hier wie dort die Darstellung von Großkatzen- und Schlangenelementen. Beide Symbole hatten, wie wir schon wissen, bei den alten Indianern große Bedeutung. Man verband mit ihnen die Vorstellung von Göttern oder Hilfsgöttern, die die meteorolo-gischen Phänomene kontrollierten. Nun sind ja zwischen dem Verfall der Macht von Tiahuanaco und der Ankunft der Spanier nur einige wenige Jahrhunderte vergangen, und in diesem Zusammenhang ist die Beobach-tung des Spaniers Ramos wichtig, der noch im frühen 16. Jahrhundert sah, wie Indianer am Titicaca-See Schlangensymbole anbeteten, um Regen zu erlangen. Unter den Aymará, die schon seit vielen Jahrhunderten in der Gegend am Titicaca-See sitzen, sind Schlangen und Pumas auch im 20. Jahrhundert noch Verkörperungen von Gottheiten, die den Regen in ihrer Gewalt haben. Auf einem Berg nahe dem See wurde im Jahr 1952 nach einer langen, furchtbaren Dürre sogar noch ein Menschenopfer dargebracht. Simone Waisbard berichtete darüber. Wem könnte es gegolten haben?

Die Aymará, sofern sie alten Vorstellungen nachhängen, verehren einen Gott, den sie Tunupa nennen. Schon in alter Zeit galt er als Beschützer der Nahrungspflanzen, als Herr über das Wetter und somit als einer der wichtigsten Aymará-Götter. Tunupa muß nach dem Glauben vieler Indianer in den Bergen residiert haben, sonst hätten sie nicht einer Anzahl von Gipfeln vom Süden Perus bis zum Süden Boliviens seinen Namen gegeben. Für manche Aymará sind Tunupa und Viracocha, der Schöpfergott der Inka, eine Gestalt. Da ist wohl noch der Einfluß der Inka spürbar, deren Bestreben war, regionale Gottheiten in eine übergreifende Glaubensordnung einzufügen. Beide, Viracocha und Tunupa, waren Schöpfergottheiten und wurden bei Wasserkultzeremonien angerufen. Die Inka glaubten ja, Viracocha sei den Tiefen des Titicaca-Sees entstiegen und habe dann die Welt geschaffen. Den Schöpferakt, bei dem der Mensch entstand, sahen sie an einem ganz besonderen Platz: in Tiahuanaco.

So leuchtet uns auch ein, warum die Gottheit auf dem „Sonnentor" seit der Inka-Zeit als Viracocha angesehen wird.

Archäologen wie Arthur Demarest, Weston La Barre und Carlos Ponce Sanginés haben sich lange mit der Herkunft Viracochas und Tunupas beschäftigt. Aus ihrer Sicht hat die Gestalt des einen die des anderen im Inka-Imperium überlagert. Beide entstammen aber ein und derselben grundlegenden Kosmologie, in der ein Schöpferhimmelsgott existierte, der auch das Wetter beherrschte. Diese Vorstellung geht auf Tiahuanaco zurück.

Illimani, Illampu und der Titicaca-See

Auch die Rolle der Berge ist nach Johan Reinhards Forschungen darin unübersehbar. Für die Aymará ist Boliviens Bergriese Illimani nicht nur der „König" der Berge. In ihrem traditionellen Glauben wurde er auch vom Gott Tunupa favorisiert. Der Spanier de Murúa sah ihn vor allem im

Mittelpunkt von Zeremonien der Indianer. Im Jahr 1590 berichtete er darüber. Die andere Bergmajestät, der Illampu, wurde in ähnlicher Weise verehrt. In den beiden altamerikanischen Provinzen Lupaqa und Pacaxes, die beide an den Titicaca-See grenzten, hielten sich deren Bewohner für Abkömmlinge der Hochzeit des Illampu mit dem See. Illampu und Illimani werden auf der Isla del Sol, die sich aus dem Titicaca-See erhebt, heute noch als ewige Götter und „Besitzer der Erde" betrachtet. Sie haben den höchsten Rang unter den Bergen und stehen auch über Pachamama, der Mutter Erde. Augenzeugen eines Opferfestes in unseren Tagen sahen, wie der Priester zu den antiken Ruinen von Pilcokana auf der Insel ging, „wo er Weissagungen in einem Raum machte, der zum Berg Illampu hin orientiert war. Er wählte sodann einen Hügel für ein Opfer aus, das man den Berggöttern für den Schutz vor Hagel, Frost, Regenfluten und Dürre weihte."[2]

Das Opfer, das den Berggöttern dargebracht wird, ist meist ein Lama, kein lahmes, altes Tier, sondern ein kräftiges, schönes. Ein Tänzer geleitet das mit Wollbommeln und Bändern geschmückte Lama zum Opferplatz. Es trägt auf seinem Rücken ein Bündel mit weiteren Opfergaben: Blumen, Süßigkeiten, Wein, Zigaretten; was den Menschen erfreut, so scheint's, soll auch die Berggötter Illampu und Illimani erfreuen. Manchmal gehören auch ein Lamafötus und ein schöner, weißer Stein zu den Gaben. Während des Rituals, bei dem das Lama den Opfertod erleidet, wird getanzt und musiziert. Trommler und Flötenspieler tragen traditionelle Gewänder, schmücken sich mit Vicuñafellen und einem Kopfputz aus Flamingofedern und Blumen. Man nennt sie Choquela.

Aufregend sind in diesem Zusammenhang auch Nachrichten aus der Ortschaft Chucuito an der Südwestküste des Sees. Dort verehren die Einwohner den Berg Atoja, der ihre Felder durch sein ständig fließendes Wasser versorgt. Im Jahr 1983 hat man auf seinem Gipfel kleine Steinaltäre gefunden und darin nicht etwa alte, sondern neue Opfergaben, mit denen der Berggott günstig gestimmt werden sollte.

Am Ostufer des Titicaca-Sees sind sich die Bewohner des Landes sicher, daß jeder Berg von einem Geist bewohnt wird, der die Felder beschützt und der unter den Menschen „Spezialisten" aussucht, die für Regen und den Schutz vor Hagelschlag verantwortlich sind. Ähnlich sieht man die Dinge in der benachbarten Region Achacachi.

Bemerkenswert ist schließlich, daß eine Anzahl Steine, mit denen Tiahuanaco errichtet wurde, vom heiligen Berg Ccapia im Süden stammen, auf dem Hunderte kleiner Altäre errichtet worden sind, an denen insbesondere der Illimani und der Illampu um Regen angerufen worden sind.

Kehren wir zurück zum See! Dort auf der Halbinsel Copacabana gibt es den Hügel Calvario, auf dem seit Jahrhunderten dem Illimani und dem Illampu geopfert wird. Auch dieser Hügel lieferte Steine für Tiahuanaco.

Aus all diesen Geschichten wird klar, daß die Indianer der Region an die Macht von Berggöttern geglaubt haben und diese immer noch verehren. Unter ihnen gelten die Callawaya-Indianer weit über ihre Heimat hinaus als berühmte Heiler, denen die Berggötter besondere Macht verliehen haben. Und auf diese berufen sich die Curanderos auch durch bestimmte Rituale und Symbole, wenn sie den Kranken helfen. Als Mittler zu Geistern und Göttern waren die Callawaya schon bei den Inka angesehen und als besonders erfolgreich bei der Anrufung des Berggottes Pariacaca bekannt. Es ist durchaus denkbar, daß sie auch zur Tiahuanaco-Zeit als Spezialisten für Fragen des Übersinnlichen wirkten.

Tiahuanaco – wir sind wieder beim Thema. Nach den vielen Zeugnissen, die wir über die Weltvorstellung der alten Indianer, die Rolle von Tunupa-Viracocha, die Bedeutung von Berggöttern, Großkatzen und Schlangen bei der Kontrolle des Wetters, den besonderen Rang des Titicaca-Sees, des Illimani und des Illampu kennengelernt haben, erscheint es nur natürlich, daß auch das Tempelzentrum mit diesen religiösen Werten verbunden war. Seine Lage rechtfertigt die Mühen der alten Indianer, die sie mit den tonnenschweren Steinblöcken hatten. Hier war Tiahuanaco dem größten Binnensee der Anden besonders nahe, der nach altem Glauben mit dem Ozean verbunden ist und somit eine überragende Bedeutung im kosmologischen Denken der Indianer hat. Von den Tempeln Accacapana und Puma Punku aus erblickten die Priester den Gipfel des Illimani, des machtvollsten und weiträumig verehrten Berggottes zwischen dem Ozean im Westen und Amazonien im Osten. Und auch die Fruchtbarkeit der Landschaft spricht für den Platz in 4000 m Höhe. Der Río Wakira versorgt das Tal, in dem die Tempel errichtet wurden, in der Nähe fließen der Río Catari, der Río Desaguadero und andere, kleinere Wasserläufe. Ausgedehnte Marschen boten sich für den Feldbau an. Über die Klimabedingungen selbst schreibt Hans-Dietrich Disselhoff: „Die unwirtliche Kälte der unendlich weiten Hochebene mit den Schneebergen im Hintergrund täuscht. Sobald die Sonne über die Berge steigt, wandelt sich die transparente Bergluft in flimmernde Hitze und Wärme. Die Aymará-Bauern, die heute Rinder und Schafe züchten, waren immer ein Bauern- und Hirtenvolk, das schon in uralter Zeit Alpaka und Lama züchtete. Damals wie heute gediehen schon besonders schmackhafte Kartoffeln, die Oca (Oxalis tuberosa) und andere Knollenfrüchte. Nicht nur Quinoa (Chenepodium quinoa), das feinkörnige indianische Getreide, säten die Aymará aus, sondern an geschützten Stellen, zum Beispiel auf Inseln im Titicaca-See, gedieh und gedeiht sogar Mais, ein wahres Wunder auf dieser Höhe."[3]

Nach wissenschaftlich fundierten Schätzungen haben in der Umgebung von Tiahuanaco zur Blütezeit des Tempelzentrums gut 20 000 Menschen gelebt.

„Die ich rief, die Geister ..."

Tiahuanaco also ist eine Metropole des indianischen Lebens und Glaubens gewesen. Nach der Analyse seiner Ikonographie, der historischen und völkerkundlichen Daten, der allgemeinen ökologischen Bedingungen und der besonderen Lage dieser Stätte ist für Johan Reinhard der Schluß zwingend, Tempelbauten und Tempeldienst hätten den Berggöttern sowie deren Helfern und damit der Fruchtbarkeit der Felder und der Herden gegolten. Wenn dies nicht seine ganze Aufgabe gewesen ist, so könnte die vernünftige Hypothese doch einen gewichtigen Teil seiner Funktionen erklären.

Sein Wachstum zu überregionaler Bedeutung führen einige Archäologen in späterer Zeit, wie wir wissen, auf die kriegerische Expansion von Huari zurück. Viele Anzeichen sprechen aber auch für eine – zunächst – friedliche Ausbreitung des Kultur- und Ideengutes durch Handel und Wandel. Tiahuanaco könnte eben durch seinen religiösen Rang und seine „strategisch" interessante Lage ein Handelszentrum gewesen sein, wo die Indianer der östlichen und westlichen Niederungen und der Küste ihre Waren – neben handwerklichen Produkten Mais, Baumwolle, Cocablätter und anderes mehr – gegen die Güter des Hochlandes – Alpakawolle, Trockenfleisch und gefriergetrocknete Feldfrüchte – austauschten. Das Lama trug alle diese Dinge auf seinem geduldigen Rücken. Große Herden standen im Hochland um Tiahuanaco. Zum Austausch von Waren traten der Austausch von Ideen und Fertigkeiten und – ganz selbstverständlich

– auch von religiösen Ideen. Tiahuanaco mit seinem überwältigenden Tempel- und Wallfahrtszentrum dominierte dabei.

Über Handel und Wandel hinaus wäre auch die Kolonisierung der Küstentäler und Flußoasen durch Bauern von der dichtbevölkerten Hochebene um den See herum denkbar. Das ist, wie der Historiker John Murra herausfand, sogar noch während der Inka-Zeit geschehen und war vermutlich auch lange vor der systematischen Besiedlungspolitik des Imperiums der Gang der Dinge. Eine eindrucksvolle Zahl vermittelt uns eine Vorstellung von der Fruchtbarkeit des Landes. Bei Cochabamba, wo später auch viel Tiahuanaco-Material ausgegraben wurde, fanden die spanischen Eroberer an die 2500 wohlgefüllte Lagerhäuser.

Und wodurch könnte Tiahuanaco seine überragende Stellung verloren haben? Bei seinen Forschungen in der Umgebung von Tiahuanaco hat Alan Kolata viele Anzeichen dafür gefunden, daß die Regenfälle nicht immer zum Segen für die Felder waren. Manchmal traten nach Dauerregen See und Flüsse über die Ufer und überschwemmten das Ackerland. Das Wasser machte die Felder unbrauchbar, die es benetzen sollte, und vernichtete zahllose Existenzen. Die Menschen könnten sich nach einer Kette von Naturkatastrophen dieser Art von Tiahuanaco abgewendet haben, weil sein Zauber nicht mehr wirkte. Die Priesterfürsten, die den sonst immer ersehnten Regen nicht unter Kontrolle halten konnten, verließen die Stätte ihrer Mißerfolge, weil niemand mehr etwas von ihnen wissen wollte. Der Platz verödete: „Die ich rief, die Geister ..."

Nachtrag.

La Paz, im Januar 1985: „Die Regierung hat den Notstand in den beiden Provinzen Cochabamba und La Paz ausgerufen, in denen nach tagelangen Regenfällen weite Gebiete überschwemmt und mehrere Dörfer durch Erdrutsche verwüstet worden sind. 30 Insassen eines Omnibusses, der von einem Erdrutsch verschüttet wurde, kamen ums Leben. 15000 Menschen wurden durch Überschwemmungen obdachlos."

Puno, Freitag, 21. Februar 1986 (Reuter): „Der Titicaca-See ist über die Ufer getreten und hat Städte, Farmen und Felder überflutet. Rund 240000 Menschen mußten aus den angrenzenden Staaten Peru und Bolivien evakuiert werden, weil der See durch Regengüsse und die Schneeschmelze in den Anden um mehr als zwei Meter angeschwollen war."

Die Inka erobern die alten Götter

Das Fest für die Sonne

Wie Völker in aller Welt machten sich auch die Indianer in Alt-Amerika Gedanken über das Übernatürliche, und wie zu allen Zeiten glaubten sich auch unter ihnen Menschen im Besitz der Wahrheit. In einer mehr und mehr arbeitsteiligen Gesellschaft konnten sie dem Amateurstadium entwachsen und sich für ihre Dienste an und für die Götter von den Bauern, Handwerkern, Fischern und Jägern ernähren lassen. Wie so oft, wuchs auch unter den Indianern der Machtanspruch der Priester, die begannen, die Menschen zu beherrschen. Chavín de Huántar war wohl die erste große Theokratie auf peruanischem Boden, Tiahuanaco die letzte vor den Inka. Herren und Meister über alle Herren und Meister der Religion aber waren schließlich die Inka selbst.

Die Geschichte ihres Aufstiegs ist oft erzählt worden. Ich will sie nicht wiederholen. Als Pachacutic Yupanqui die Macht der seit der Wende des 12. Jahrhunderts ihr Herrschaftsgebiet um das „heilige" Cuzco ständig ausweitende Adelssippe über ein weites Gebiet gefestigt hatte, führte er den Sonnenkult als Staatsreligion ein. Pachacutic bedeutet „Weltenwender". Die Titel Sapa-Inka und Intip-Kori belegen seinen über allen, auch über den Priestern stehenden Rang. Sie bedeuten: Einziger Inka und Sohn der Sonne.

Cieza de León, Chronist im Peru des 16. Jahrhunderts, läßt uns den göttlichen Rang des Sonnensohnes ahnen, wenn er schreibt, daß „niemand, auch wenn er ein großer Herr aus altem Geschlecht war, in seiner Gegenwart eintreten konnte, ohne mit einer Last beladen zu sein, zum Zeichen großen Gehorsams".

Für die Völker im Staate, den hohen und niederen Adel ausgeschlossen, galt das Gebot: „Ama sua, ama llula, ama quella – Sei kein Dieb, sei kein Faulpelz, sei kein Lügner." Dazu fällt einem eine Parallele aus der christlichen Welt ein, die da lautet: „Ora et labora."

Niemand weiß, wie weit die Sonnenreligion in den Anden in die vorinkaische Zeit zurückreicht. Die Idee dazu erscheint einleuchtend in einem Hochland, in dem man Nachttemperaturen von −25° kennt und in dem die täglich auftauchende Sonne das Leben buchstäblich „auftaut". Die Überlegenheit der neuen Staatsreligion wurde den besiegten Völkern, die dafür nichts übrig hatten, in den Waffengängen mit den Inka aber auch eingebläut. Oft wurde sie schon anerkannt, ehe es zu Kämpfen kam, weil Sendboten, das Auftreten der Inka-Generale und des Herrschers selbst „überzeugend" auf die feindlichen Kaziken wirkten und versprochene Privilegien im Falle der Unterwerfung bestechend genug waren.

Im Sonnentempel Coricancha der Stadt Cuczo wurde der Sonnengott in Gestalt einer goldenen Scheibe dargestellt, seine Frau, die Mondgöttin Quilla, in einer silbernen. Aus der nicht immer sauberen Quelle des Werkes von Garcilaso de la Vega (1539−1616) erfahren wir, daß die Mumien der verstorbenen Herrscher zu seiten beider Götter auf ihren goldenen Thronsesseln saßen. Das ist im Vergleich zu den Bauwundern und Skulpturen für andere Götter der Neuen und Alten Welt bescheiden. Um so mehr aber trumpfte der Sonnensohn auf, wenn um den 21. Juni Inti Raymi, das Sonnenfest, begangen wurde! Das war die Zeit der Wintersonnenwende von der an die Rückkehr der Sonne bevorstand.

Wenn Horst Nachtigall, der in der Festung Sacsayhuaman über Cuzco das inzwischen rekonstruierte Fest miterlebte, die Ereignisse schildert, vermögen wir uns vorzustellen, welchen Widerhall es in den Herzen der indianischen Teilnehmer zur Inka-Zeit fand.

„In alter Zeit" beginnt er, „kamen zur Winter-Sonnenwende die Großen des Reiches zusammen, um dem obersten Inka, dem Sohn der Sonne, zu huldigen, und um anwesend zu sein, wenn er seinem Vater, der Sonne, seine Opfer darbrachte. Der genaue Zeitpunkt hierfür wurde von den Priestern mit Steinpfeilern bestimmt, die das Maß des Sonnenschattens und damit den Termin der Sonnenwende angaben. Gleichzeitig pflegte man in anderen Teilen des Reiches eine Zeremonie, das ‚Anbinden der Sonne', zu veranstalten. Hierbei wurde die Sonne, die sich im Winterhalbjahr scheinbar immer weiter nach Norden entfernt, in einer symbolischen Handlung an einem Steinpfeiler festgebunden, so daß sie ... wiederkehren mußte. Derartige Steinpfeiler sind in vielen indianischen Festungen gefunden worden ...

Beim Sonnenfest in Cuzco war der Augenblick des Opfers gekommen, sobald die Sonne über den Horizont trat und den Opferplatz beschien. Das Opfer bedeutete den Dank für die Gaben des vergangenen Jahres, die es den Menschen erlaubten, dieses Opfer abzuhalten. Gleichzeitig wurde es als ein Fruchtbarkeitsfest verstanden, das der Sonne die Kraft zu noch größeren und reicheren Ernten im kommenden Jahr geben sollte.

In der Inkazeit fand das Sonnenfest auf dem Hauptplatz der 3 400 Meter hoch gelegenen Hauptstadt Cuzco statt, der als Nabel des Reiches galt. Dieser Platz ist inzwischen geteilt worden. Deshalb finden bei den heutigen Sonnenfeiern hier nur Umzüge statt, wogegen die eigentliche Sonnenfeier auf der oberhalb Cuzcos gelegenen Festung Sacsayhuaman abgehalten wird ...

Die Sonnenfeier läuft in etwas veränderter Form, im großen und ganzen aber ähnlicher Weise ab, wie sie in den alten Berichten beschrieben ist ... In der Mitte des Festplatzes ist ein Podest als Opferplatz für den Inka errichtet. Dieser zieht ein, wie es für das sakrale Königtum in aller Welt – und zu diesem Typ von sakralen Herrschern gehört ja der Inka – vielfach beschrieben worden ist: Vorweg gehen Bedienstete, die den Boden fegen und dafür sorgen, daß des sakralen Herrschers Fuß oder Sänfte mit keinerlei Unebenheit in Berührung kommt. Danach folgen reich gekleidete Priester mit Opfergaben und dann die Sonnenjungfrauen, die im Inka-Reich in klösterlicher Abgeschiedenheit lebten und deren Aufgabe ... war, ... Dienst in den Tempeln zu verrichten, feine Gewebe für den Kult herzustellen und dem Herrscher als Konkubinen zur Verfügung zu stehen. Der Inka selbst wird in einer reich mit Geweben, einem Baldachin aus Federn tropischer Vögel und golden schimmerndem Schmuck versehenen Sänfte getragen, umgeben von Standarten. In der rechten Hand hält er die Lanze, in der linken den Schild. Um seine Stirn ist die königliche Binde mit der Sonnenscheibe und dem Federschmuck gelegt ... Hinter der Sänfte des Inka folgen seine Truppen ... Ihre Ausrüstung entspricht alten Berichten: Um den Kopf geschlungen die Schleudern aus Lamawolle, die gefürchtete Waffe der Hochlandindianer, dazu Schilde mit verschiedenen Abzeichen und lange Lanzen. Andere Truppen erscheinen mit der ebenfalls belegten Wollmütze und der um die Schultern geschlungenen Bola. Kniebinden für die hervorragenden Personen und Sandalen ... vervollständigen die Ausrüstung.

Der Inka steht inzwischen auf dem Opferaltar, die Blickrichtung nach Osten. Davor stellen sich die Priester auf, die Soldaten knien im Umkreis. Der Inka beginnt einen Gesang in Quechua, ... und die Anwesenden fallen darin ein. Danach nimmt er aus einem Goldbecher einen Schluck Chicha ... und reicht das Gefäß weiter an seine Umgebung. Aus ihm verteilen Priester die Chicha an die Vornehmen und dann an die Soldaten, entsprechend dem Ritus, wie er in alten Zeiten im Augenblick des Sonnenaufganges stattgefunden hat.

... Einstmals folgte jetzt eine Prozession zum Sonnentempel ... Hier brachten zunächst der Inka und danach die Vornehmen des Reiches Gold- und Silberspenden in Form von Menschen- und Tierfiguren dar. (Diese Figuren wurden zur Zeit der Eroberung benutzt, um das Zimmer, in dem Atahualpa in Cajamarca gefangen gehalten wurde, mit Lösegeld zu füllen.) Anschließend ging es zurück zum Hauptplatz von Cuzco, wo jetzt eine größere Anzahl von Lamas in bestimmten Farben geopfert wurde und die Priester aus den Eingeweiden Voraussagen über die Zukunft machten. Dann wurde ein neues heiliges Feuer entzündet, indem die Strahlen der Sonne in einem halbkugeligen Gefäß gesammelt und, in einem Brennpunkt konzentriert, zur Entzündung eines kleinen Knäuels Wolle benutzt wurden. Mit dem auf diese Weise aus den Händen des Sonnengottes empfangenen Feuer wurden die als Opfer bestimmten Teile des Lamas verbrannt, auf daß sie mit dem Rauch zum Himmel aufstiegen, verbunden mit der Bitte: ‚Mögest Du niemals alt werden; mögest Du immer jung bleiben; mögest Du jeden Morgen zum Himmel aufsteigen, um der Erde Licht und Wärme zu schenken!‘

Die übrigen Teile der Opfertiere wurden zusammen mit Mais und anderen Nahrungsmitteln an die ... Menge ausgegeben und gemeinsam auf dem Platz verzehrt. Weitere gespendete Nahrungsmittel und Chicha wurden an den folgenden Tagen verteilt. An diesen fanden auch Tänze statt, über deren Instrumentarium, Schmuck und Masken bebilderte Darstellungen vorliegen ...

In alter Zeit hatte dieses Fest neben seiner ursprünglich rein kultischen Bedeutung auch noch einen politischen Sinn. Es sollte die Einheit des Inkareiches in der Verehrung der Sonne und ihres Sohnes öffentlich und machtvoll darlegen. Das riesige Reich umfaßte ja eine Fülle verschiedener Kulturen, die der Inkakultur im Alter und in der Ehrwürdigkeit zum Teil überlegen waren. Klugerweise ließen die Inka die alten Götter der unterworfenen Stämme nach der Anerkennung des höheren Ranges des Sonnengottes und seines Sohnes bestehen. Das Erlebnis des Sonnenwendfestes mußte daher die Abordnungen aus den verschiedenen Teilen des Landes um so fester von der Größe der inkaischen Macht überzeugen."[1]

In der Schilderung über das Sonnenfest in Cuzco ist nur von Opfertieren die Rede. Aber wurden denn nicht auch Menschenopfer dargebracht?

Warum Kinder auf den Gipfeln sterben mußten

Kehren wir noch einmal zurück zu dem Inka-Prinzen vom Cerro El Plomo, um dieser Frage auf den Grund zu gehen. War das Kind ein reines Opfer für die Sonne? Johan Reinhard hält auch für denkbar, daß das Kind der Sonne und dem majestätischen Berggott geopfert worden ist. Nach seiner Meinung sind die Mumien nicht also isoliertes Opfer, sondern als Teil einer Reihe von Opfern in einer besonders dafür errichteten Stätte auf bestimmten Bergen und an bestimmten Plätzen auf ihnen zu betrachten. Sie sind natürlich die bedeutendsten Opfer, und entsprechend ihrem Rang wurden sie oft dem Inka-Herrscher und der Sonne dargebracht. Aber die Schilderung einzelner Fälle von Menschenopfern in historischen und heutigen Quellen weist auf ihre vorrangige Bestimmung für die Berggötter hin.

So wissen wir dank Hernandez Principe von einem Mädchen, das dem Inka geweiht worden ist. Der Bericht gibt uns Einblick in die Wechselbeziehung, die zwischen der Inka-Staatsreligion und dem Glauben an die wichtigsten regionalen und lokalen Götter geherrscht hat. Bei den spanischen Priestern der frühen Kolonialzeit können wir nachlesen, daß diese Götter allemal Berggötter gewesen sind. Wir lernen durch die alten Autoren verstehen, daß bei dem Komplex von Faktoren, die zu den verschiedenen Opferformen führten, das überlieferte Denken der Andenvölker einbezogen war.

Die Erkenntnisse helfen uns auch, das Kindesopfer auf dem Cerro El Plomo in einem größeren Zusammenhang zu sehen. Leider haben wir aus der Umgebung des Berges nur das Zeugnis eines chilenischen Chronisten mit Namen Gerónimo de Bibar, der bezeugt, daß eine im Süden des Berges lebende Indianergemeinschaft, die er Pormocdes nannte, dem „Schnee" der Berge, darunter des Cerro El Plomo, geopfert habe, weil die Bauern den Schnee dieses Berges als Quelle des Flußwassers ansahen, mit dem sie ihre Felder bewässerten. Nichts spricht dagegen, daß das Kind, dessen lange Reise auf dem Gipfel des majestätischen Berges über Santiago de Chile endete, auch und vor allem dem Berggott dargebracht worden ist.

Johan Reinhard hat viele Andengipfel bestiegen, auf denen Menschenopfer gefunden worden sind oder die in Berichten und Legenden über Menschenopfer erwähnt wurden. Der höchste war der Aconcagua. Andere angesehene Berge, auf denen er noch Spuren sah oder manchmal auch mit sichern konnte, waren der Pichu Pichu, der Hualca Hualca der

Huanacauri in Peru, der Paníri, der Sara Sara, der Asangate und der Tata Jachura in Chile sowie der Quehuar in Argentinien, wo Reinhard 1981 mit Antonio Beorchia zusammen nur noch die Reste einer durch Schatzgräber in die Luft gesprengten Mumie bergen konnte.

Menschenopfer haben die Indianer der Inka-Zeit wohl nicht nur an den höchsten Festen dargebracht, wenn die Sonne gefeiert wurde. Sie wurden auch Pachamama, der Mutter Erde, und dem Gott des Blitzes Illapa geweiht. Im Norden Chiles, will eine Legende wissen, glaubten die Menschen in alter Zeit, Frauen ohne Ehemänner hätten, wenn sie Kinder gebaren, diese durch Naturmächte empfangen. In Zeiten langanhaltender Dürre opferte man solche Neugeborenen dem Berg Tata Jachura, um Regen zu erlangen. Auch ein erwachsener Mann, den die Leute für den Sohn des Berges Tata Sabaya hielten, soll entsprechend dieser Legende nach seinem Tod zerstückelt worden sein. Die umliegenden Dörfer hätten Teile des Körpers empfangen und, so heißt es, „fruchtbare Zeiten" erlebt. In neuerer Zeit noch sind Zwillinge, Babys mit bestimmten Merkmalen und solche, die „mit den Füßen zuerst" geboren worden waren, als „Kinder von Blitz und Donner" betrachtet und auch geopfert worden, um Unwettern und Dürre vorzubeugen.

2000 Mann dienen einem Berg

Je tiefer man in die indianische Götterwelt eindringt — in die Literatur über sie, in das Studium der noch immer bedeutenden Indianerfeste und der Kultstätten —, desto mehr wird einem klar, daß die Völker der Kordilleren die Berge schon lange vor der Zeit der Inka verehrt haben. Aber auch in der Inka-Mythologie zeichnet sich eine Rolle der Berggötter ab, von der wir bisher wenig geahnt haben. Offenbar waren die Rituale und Feste für die Berggötter nicht so auffällig wie jene für die Sonne. Der Grund dafür ist, daß die Inka die verschiedenen Götter, wie den Schöpfergott Viracocha, die Erdmutter Pachamama, den Ozeangott Mamacocha, den Gewittergott Illapa und die hohen Berggötter, in eine generalisierende Götterdarstellung einfügten, eine Hierarchie, in der Inti, die Sonne, ranghöchster Gott war. Regional waren die Berggötter von größerer Bedeutung, und das galt auch für die Feste, die ihnen gewidmet waren. Nur, wo die Inka-Herrscher selbst religiöse Zentren hatten errichten lassen, überschatteten die Zeremonien der Staatsreligion jene zu Ehren der alten

Götter. Die alten Götter aber sollten leben! Sie wurden wie das Land der unterworfenen Völker einfach okkupiert.

Es scheint in diesem Fall so gewesen zu sein, wie so oft unter der Inka-Herrschaft. Die Errungenschaften der eroberten Völker wurden, wenn man sie für gut befunden hatte, in den Staat aufgenommen, oft noch verbessert und allen nutzbar gemacht. So hielten es die neuen Herren auch mit der Religion.

Die Inka haben die Berggötter akzeptiert, wenn nicht schon früher selbst verehrt, denn sie stammten ja aus der Andentradition. Sie haben die Berggötter dann mit der ihnen eigenen Konsequenz verehren lassen. In diesem Zusammenhang muß ich zunächst von einem Element der Staatsführung berichten, das den Inka die Durchsetzung ihrer politischen Ziele garantierte. Wir dürfen es getrost Deportationspolitik nennen.

Sie verpflanzten die unruhigen Völker in den neu eroberten Gebieten in die Umgebung von Cuzco oder andere Teile des Reiches, wo ihre Macht gefestigt war. Ergebene Staatsangehörige schickten sie in die „Kolonien". Mit dieser ungeheuerlichen, menschenverachtenden Methode sollte die Integration der eroberten Völker beschleunigt werden. Die Herrscher ließen sich von der Erfahrung leiten, daß entwurzelte Gemeinschaften sich in der neuen, bedrückenden Umgebung nicht auflehnen und die Heilsbotschaften leichter aufnehmen würden.

Die Salazaca-Indianer zum Beispiel, die heute an der Ostflanke der Anden in Ecuador leben, wollen sich daran erinnern, daß ihre Vorfahren aus Bolivien stammten. Die Cañari-Indianer, die einst bei Tomebamba, im heutigen Süden Ecuadors wohnten, hatten dem Eroberer Tupac Yuapanqui so arg zu schaffen gemacht, daß er nicht nur 8 000 Gefangene hat hinrichten, sondern viele Überlebende in die Umgebung von Cuzco schicken lassen. An die Grenze holte er ergebene Bewohner der zentralen Provinz und siedelte sie in der alten Cañari-Stadt Cojitamba an.

Die Kolonisten nannte man Mitimaes. Sie kamen mit ihren Herden und mit Pflanzgut, beschenkt auch von den Inka mit Gold- und Silbergefäßen. Sie brachten das Rüstzeug für die Verbreitung des Quechua als Staatssprache, die Einführung der Inka-Gesetze, der Verwaltung, der praktischen Errungenschaften sowie der Staatsreligion im Vielvölkerimperium mit.

Da das Harmoniebedürfnis mit den Göttern und der Dienst an ihnen den Alltag durchdrangen, etablierten die Mitimaes wohl zuerst ihre Pacariscas. Das waren heilige Objekte, die sie an bestimmten Orten errichteten oder wiedererbauten. Meist verbanden die Mitimaes mit ihnen den Glauben an den Ursprung der Ahnen. Von dem spanischen Priester Albornoz, der noch Zeitzeuge der Inka war, haben wir eine Nachricht, die mit der Gipfelverehrung zu tun hat. Albornoz schreibt, daß den Mitimaes jene Berge besonders wichtig gewesen seien, die zum Ozean hin „blickten" oder von denen die Flüsse zur Bewässerung des Bodens stammten. Die Namen zweier solcher Berge, der Quehuar in Argentinien und der Chiliques in Chile, sind in dieser Verbindung aufschlußreich. Sie tragen nicht nur Ruinen von Opferstätten auf ihren Gipfeln, sondern teilen ihre Namen auch noch mit denen zweier Indianervölker, deren ursprünglicher Sitz das Zentrum von Peru gewesen ist. Durch Albornoz erfahren wir auch, daß die Mitimaes aus der zentralen Provinz im neu eroberten Raum auf verschiedenen Bergen Pacariscas bis hinab zum Río Loa in Nordchile errichteten. Fünf Berge im südlichen Peru, die Huacas auf ihren Gipfeln trugen, nennt er sogar mit Namen, und zwei dieser Gipfel tragen noch heute die Ruinen der alten Opferstätten.

Von dem Spanier Albornoz kommt auch die ungeheure Kunde, nach der einst 2000 Mitimaes für den Dienst an einem dieser Berge, der Sara Sara hieß, abgestellt worden sind, eine Zahl von altorientalischer Größenordnung.

Mitimaes also haben in großem Stil ihre Pacariscas auf den Berggipfeln im neu eroberten Land errichtet und verehrt. Sie haben aber auch mit der den Inka eigenen Energie die Grundlagen für ihr neues Leben geschaffen. Die Berge Coropuna und Pichu Pichu zum Beispiel wurden für weitverzweigte Bewässerungssysteme „angezapft".

Eine Ruine auf dem Vulkan Las Tortolas in Chile erscheint so aufwendig, daß Archäologen Berechnungen über die Arbeit anstellten, die zu ihrer Errichtung notwendig war. Sie kamen zu dem Ergebnis, daß disziplinierte Bautrupps gegen viertausendmal die etwa 300 m vom Vorratslager bis zu der 6300 m hoch gelegenen Plattform hatten aufsteigen müssen, nur um den benötigten Kies hinaufzuschaffen.

Die „Pfadfinder", die den Arbeitstrupps die besten Bergrouten suchten, waren trainierte Spezialisten. Die Inka hatten für fast alle Disziplinen ihre Fachleute. Zwar sind unter den Bergen, auf denen gearbeitet wurde, auch freundliche Vulkane mit geringen Schwierigkeitsgraden für den Kletterer, aber in Not kann man auf allen kommen. Tückisches Gestein, das ständig unter dem Tritt wegleitet, Gewitterstürme, Eisregen und die dünne Luft in extremen Höhen wollten überstanden sein.

Die Umsicht der inkaischen Organisation milderte freilich die Probleme. Vermutlich waren die besten Kletterrouten, mit denen man die verschiedenen Berge angehen konnte, genau aufgezeichnet. Ihr Verlauf zeigte jedenfalls Bergsteigern des 20. Jahrhunderts, wie sicher ihre indianischen Vorgänger die beste unter allen Möglichkeiten herausgefunden hatten.

Zu den Opferstätten auf den Gipfeln führte in bestimmten Abständen eine Reihe von Basislagern, oft bis nahe an die Gipfel heran. In diesen Camps wurden Stroh für das Lager, Feuerholz und Nahrungsmittel bevorratet; das logistische System war perfekt.

Neben den Mitimaes haben auch die Einwohner, die nicht deportiert worden waren, ihre örtlichen Gipfel verehrt. Auch eine Symbiose von bestehenden und eingeführten Ritualen ist auf den durch neue und alte Opferstätten gekrönten Gipfeln sehr wahrscheinlich gewesen.

Bauen über der Grenze des Lebens

„Ich habe mir mein Leben lang etwas darauf eingebildet, unter allen Sterblichen derjenige zu sein, der am höchsten in der Welt gestiegen ist." Der Mann, der auf sich so stolz war, hatte im Jahr 1801 den Chimborazo in Ecuador bis zu einer Höhe von 5878 m erklommen. Zuvor hatte er die Grenze des Lebens auf diesem Berg der Inneren Tropen bei 4900 m ermittelt. Der Mann hieß Alexander von Humboldt. Und unter welchen bergsteigerischen Bedingungen mußte er seine Ziele angehen! Wahrscheinlich so wie Georg Weitsch ihn 18 Jahre nach der Expedition malte – im Gehrock und in gestreiften Hosen –, war Humboldt aufgestiegen. Eine besondere Bergsteigerausrüstung, das weiß ich aus eigener Erfahrung, braucht man auf dem Chimborazo bis zur Höhe von 5100 m auch kaum. Nur Humboldts „restliche" 778 m haben es in sich.

Von seinem Forschungsbericht ist für unser Thema folgender Teil von großem Interesse: „Wir fingen nach und nach an, alle an großer Übelkeit zu leiden. Der Drang zum Erbrechen war mit etwas Schwindel verbunden und weit lästiger als die Schwierigkeit zu atmen ... Wir bluteten aus dem Zahnfleisch und aus den Lippen. Die Bindehaut der Augen war bei allen mit Blut unterlaufen. Alle diese Erscheinungen sind nach Beschaffenheit des Alters, der Kondition, der Zartheit der Haut, der vorhergegangenen Anstrengung der Muskelkraft sehr verschieden; doch für einzelne Individuen sind sie eine Art Maß der Luftverdünnung und absoluten Höhe, zu welcher man gelangt ist. Nach meinen Beobachtungen in den Cordilleren zeigen sie sich am weißen Menschen bei einem Barometerstande zwischen 14 und 15 Zoll 10 Linien."[1]

Humboldt und seine Begleiter waren bei ihrer Expedition zum Chimborazo-Gipfel bis auf die letzten 389 der 6267 m herangekommen. Dann mußten sie umkehren. Der Grund dafür waren ausgerechnet Indianer: „Sie verließen uns alle bis auf einen in der Höhe von 15 600 Fuß. Alle Bitten und Drohungen waren vergeblich. Die Indianer behaupteten, an Atemlosigkeit mehr als wir zu leiden ..."

Das klingt unwahrscheinlich. Sind die Andenindianer nicht an das Leben in großen Höhen gewöhnt? Sehen wir sie nicht in den Straßen von Quito und La Paz, also nahe bei 4000 m, noch große Lasten schleppen? Vielleicht haben sie den Zorn des Gipfels, dem man früher Jungfrauen geopfert hat, gefürchtet und Atemnot nur vorgeschützt.

Auf jeden Fall hat der vielseitige Humboldt, der als Geograph, Botaniker, Zoologe, Ethnograph und Archäologe gearbeitet hat, in seiner „Amerikanischen Reise" nichts weniger als auch noch die Symptome der Höhenkrankheit beschrieben – als einer der ersten Forscher. Aus den Forschungspapieren, die seit Humboldt verfaßt worden sind und von den Lebens- und Überlebensfragen in großen Höhen handeln, habe ich die wichtigsten Ergebnisse herausgezogen; denn sie sind ja für die Beantwortung der Frage wichtig, wie denn die alten Indianer überhaupt zum Bauen in extremen Höhen fähig gewesen seien.

Der Organismus der Hochlandindianer ist solchen Bedingungen angepaßt. Sie besitzen größere Lungen als die Menschen auf dem flachen Land. Ihre Lungenbläschen, die den eingeatmeten Sauerstoff an das Blut abgeben, sind so erweitert, daß der zwischen 3000 und 6000 m Höhe geringere Sauerstoffgehalt der Luft voll ausgenutzt wird. Die Anzahl der roten Blutkörperchen bei Hochlandindianern ist besonders groß. Das Herz schlägt langsamer in ihrer Brust und hat etwa zwei Liter Blut mehr zu bewältigen als das eines Indianers, der zum Beispiel in den Amazonasniederungen lebt.

So weit, so gut. Ich habe auch erlebt, daß Hochlandindianer in Schwierigkeiten kamen, die über die gewohnte Höhe hinausgingen. Aus welchem Stoff also mußte der Mensch gemacht sein, der auf den Gipfeln der Anden Steinstrukturen und Vorratslager errichten konnte?

Johan Reinhard hat als Bergsteiger nicht nur hohe Gipfel erklommen, er hat selbst Forschungsmaterial in große Höhen hinaufgeschleppt:

„Wenn man akklimatisiert ist", meint er, „ist es nicht schwer, bis zu 40 kg auf 6000 m Höhe zu schleppen. Freunde und ich haben das dreimal in vier aufeinanderfolgenden Tagen getan, als wir auf dem Licancabur forschten."

Leute, die sich normalerweise nicht in solchen Höhen bewegen, können sich derartige Leistungen kaum vorstellen, oder sie überschätzen sich. Im Sommer 1983, als ich für einen Film über Alexander von Humboldt nahe Nazca drehte, versuchten die Biologin Nicola Siegmund-Schultze und ich Johan Reinhard auf den Berg Illa-Kata zu folgen. Wir waren einigermaßen an die Höhe gewöhnt und auch sonst nicht gerade in schlechter Verfassung. Doch Reinhard schnürte uns durch das Horstgras so schnell davon wie ein Puna-Fuchs. Er kam uns bereits wieder entgegen, als wir am Fuß des Berges noch nach einer Aufstiegsmöglichkeit suchten: „Dort oben auf dem Berg liegen Opferstätten", verkündete er, „ich habe sie untersucht und fotografiert."

Die Indianer haben vermutlich in großer Zahl an ihnen gebaut, so daß die Lasten auf viele Männer verteilt waren. Lamakarawanen dürften das schwere Material bis in die Nähe der Gipfel getragen haben.

Auf den Andenmärkten wird im übrigen ein Stoff gehandelt, der den Indianern hilft, schwere Belastungen zu ertragen. Das ist Coca. Die Alkaloide in den getrockneten Blättern des Cocastrauches stumpfen die Sinne ab gegen Hunger, Durst, Kälte und die Schwerstarbeit, die die Bauern heute auf ihren Feldern verrichten müssen. Die peruanische Regierung, die den Handel mit Cocablättern an der Küste oder in den Amazonasniederungen mindestens dem Gesetz nach ahndet, erlaubt ihn auf den Märkten des Hochlandes. In Pisac, in Cuzco, in Cajamarca und überall in den Städten des Hochlandes konnte man die getrockneten Blätter kaufen. In dieser Beziehung knüpft der Staat an die Politik der spanischen Kolonialherren an, zumal er das Los der armen Andenbauern anscheinend kaum zu bessern vermag.

Die Droge gehört schon seit gut 5000 Jahren zum Bestand der Indianerkulturen. Bereits in der bisher ältesten Zivilisation Amerikas, der Valdivia-Kultur, muß sie verwendet worden sein. Auf einer Keramikfigur, die nach der Thermolumineszenzdatierung über 4000 Jahre alt ist, haben wir die charakteristische Ausbuchtung der Wange entdeckt, die auf einen Cocablätterball im Mund hindeutet. Die Leistungen der Indianer bei der Errichtung von Opferstätten in großen Höhen verdienen unsere Bewunderung, auch wenn das Wie für uns kein so großes Geheimnis mehr ist.

Vorräte für alle Fälle

So emsig der Dienst an Berggöttern und Ahnen zur Inka-Zeit auch war, ihre Hilfe kam oft zu spät oder auch gar nicht. Das heißt, sie waren genauso unzuverlässig wie die Götter anderer Kulturen auch.

Die Inka müssen das realistisch genug gesehen haben. Pachacutic Yupanqui zum Beispiel, der 1438 bis 1471 regierte und als eigentlicher Vater des Staates galt, weil seine Staatskunst das Konglomerat besiegter Völker fest in eine effiziente Verwaltung einband, überließ auch in der Landwirtschaft nichts dem Zufall oder den unterschiedlichen Fähigkeiten der Bauern. Es galt als sein Verdienst, das landwirtschaftliche Wissen aller gesammelt, genutzt und durch Gesetze zu Allgemeingut gemacht zu haben: „An vielen Stellen des Reiches", bezeugte der spanische Pater Molina nach Gesprächen mit Indianern in der Kolonialzeit, „ließ er Säulen aufrichten, um an ihnen den Gang der Sonne zu verfolgen. Jeden Morgen und Abend pflegte er auf den Stand der Sonne zu achten. So wußte er die Zeit für die Aussaat und Ernte der Feldfrüchte, er kannte die Stunden der Sonnenuntergänge und beobachtete den neuen, den wachsenden und den vollen Mond. Solche Uhren ließ er auf den Gipfeln der Berge errichten, auf denen die Sonne erschien und verschwand." Pachacutic, der Forscher!

Der Inka-Kalender legte die Zeiten für die Aussaat der verschiedenen Pflanzen fest. Zu den astronomischen und meteorologischen Kenntnissen, die den Kalender bestimmten, wurde unter den Inka das Wissen vom Wachsen und Werden der Pflanzen vertieft und verbreitet. Von ihren Feldbauterrassen und ausgeklügelten Bewässerungssystemen wissen wir bereits. Die Spanier haben davon profitiert – wie wir heute noch auf den Kanarischen Inseln sehen können, wo mit der Abreise des Kolumbus einst das Amerikaabenteuer begann. Da wurde die Erde durch Steintreppen und Steineinfassungen vor der Erosion geschützt. Die Inka ließen von den Brutinseln der Guanayvögel vor der Küste den meterhoch anstehenden Vogelkot holen und überall im Land als Düngemittel verteilen. Die Löcher für die Pflanzen wurden mit dem Laclla, einem Grabstock aus Hartholz, gegraben. Er war etwa 1,70 m lang und hatte einen gebogenen Griff und eine Fußraste. Die Spitze wurde mit Beinkraft in die Erde gestoßen. In die Löcher steckte man dann manchmal zusammen mit dem Guano, der Knolle, dem Samen oder der Jungpflanze einen Fischkopf, dessen Verfallstoffe den ersten Bedarf der Pflanze deckten. Auch Lamamist wurde als Dünger verwendet.

Die Feldarbeit war wohlorganisiert und wurde, wie uns der spanische Pater Cobo berichtet, festlich begangen: „Wenn der Inka oder sein Statthalter oder sonst einer seiner Hauptleute zufällig zugegen waren, so grub er den ersten Stich mit dem goldenen Grabscheit, das man ihm brachte. Alle Herren und Edlen aus seinem Gefolge taten es seinem Beispiel nach. Doch der Inka hielt bald in seiner Arbeit inne; dann hörten auch die anderen Herren und Edelleute wieder auf zu arbeiten und setzten sich mit dem Inka zum Festmahl nieder, das in jenen Tagen sehr feierlich zu sein pflegte.

Nach erfolgter Einteilung stellte jeder Untertan seinen Anteil, seine Frau und Kinder und alle, die zu seinem Haushalt gehörten, als Helfer an. Derjenige, der mehr Helfer hatte, galt als reicher Mann, er wurde mit seinem Teile eher fertig. Derjenige, dem keinerlei Hilfe für sein Tagwerk zur Verfügung stand, galt als arm, weil er länger bei seiner Arbeit bleiben mußte. Alle anwesenden Einwohner einer Ortschaft kamen herbei und mit ihnen die Herren und Edelleute. In ihrer besten Kleidung kamen sie und sangen ihre Lieder. Gesänge zum Preise der Götter, wenn sie die Äcker der Religion bestellten, wenn es die Felder des Herrschers waren, Gesänge zu seinem Lob."[2]

Wetterstationen, Feldbaukenntnisse und der Dienst an den Göttern haben allerdings die Versorgung des Vielvölkerimperiums nicht allein gewährleisten können. Hinzu kamen die Arbeitsorganisation und eine strikte Vorratswirtschaft.

So verfügten die Herrscher von Cuzco, daß von den Feldfrüchten ein Drittel den Bauern gehören sollten, die sie ernteten. Ein weiteres Drittel wurde für den Gottkaiser eingezogen, das letzte Drittel für die religiösen Zentren. Der Staat verfügte über eigenes Land, von dessen Ernten ein wesentlicher Teil in den Vorratshäusern gelagert wurde, damit für Provinzen, in denen Dürre herrschte, gesorgt werden konnte.

Die Konservenkost der Indianer und das Verfahren der Konservierung gingen weit über das hinaus, was im Europa jener Zeit bekannt war. Getrockneter Mais war die Basis der Nahrung. Darüber hinaus kannte man im Hochland durch Frost und Sonne gefriergetrocknete und damit konservierte Kartoffeln, die Chuños genannt wurden. Ähnlich verfuhr man mit Lamafleisch, das in gefriergetrockneter Form Charqui hieß. Auch anderen Feldfrüchten konnte man auf solche Weise Dauer verleihen.

Über alle Arbeitskräfte wachte ein Kazike, der die Jüngsten auf die Vogel-

jagd und die 20- bis 25jährigen in die Felder schickte. Die 25- bis 30jäh-
rigen zog er für die Arbeit an den öffentlichen Hoch- und Tiefbauten heran, und erst die 30- bis 35jährigen dienten in der Armee. Alte Menschen
arbeiteten lediglich in den Cocapflanzungen.

In der Chronik des Guamán Poma wurde die Zeit der Inka-Herrschaft
wohl allzusehr verklärt. Sie war auf jeden Fall aber sittlicher als die jener
spanischen Herren, die das Reich eroberten und ausbeuteten, ja, die
Bevölkerung vielerorts dem Hungertod preisgaben. Sozial, wie manche
Autoren die Inka-Herrschaft genannt haben, ist diese aber auch nicht
gewesen. Dafür lebten die indianischen Bauern unter den Inka allzu arm-
selig, die Privilegierten in allzureichen Verhältnissen.

Die Ordnung der Heiligtümer

Die Inka waren Ordnungsfanatiker. Sie hatten ihre Welt, die noch dazu
eine Welt der geographisch schwierigsten Verhältnisse war, organisa-
torisch im Griff wie kaum eine der vorausgegangenen oder benachbarten
Indianerkulturen. Den Europäern der vergleichbaren Zeit waren sie in
manchem überlegen.

Der Herrscher Pachacutic Yupanqui ließ sein Reich kartographisch in
Reliefs aus Ton erfassen, auf denen die Topographie, die Flüsse, die Orte,
die Straßen und andere Details eingezeichnet waren. Das alles ist bekannt.
Weniger bekannt aber ist das System der Ceques, ein System gedachter
Linien, an denen geheiligte Plätze und Objekte, die Huacas, aufgereiht
waren. Das konnten Steine, Felsen, Quellen, Opferstätten, Berggipfel und
anderes mehr sein. Einen Teil dieses Ordnungsprinzips lerne ich in Cuzco
kennen.

Mit Federico Kauffmann-Doig stehe ich an einem Novembertag im Glanz
der Abendsonne auf den unerschütterlichen Mauern der Bergfestung
Sacsayhuaman, von denen sich ein Inka-General zu Tode gestürzt hatte,
als er die heilige Stadt Cuzco vor den Spaniern nicht hatte schützen können. Unter uns schimmern die Dächer der alten Metropole. Der Peruaner
kann noch den alten inkaischen Stadtplan rekonstruieren, der Cuzco die
Gestalt eines Pumas mit den Stadtteilen „Schwanz des Pumas" und
„Rücken des Pumas" gab. Den „Kopf des Pumas" vermutet der Professor
im Festungsteil, auf dem wir hier oben stehen, obwohl der Name Sacsayhuaman Falke bedeutet.

Als wir uns in den Abendstunden das Zentrum der alten Hauptstadt erwandern, zeigt mir mein Begleiter die Reste der verschiedenen Herrscherpaläste. Die mörtellosen Mauern mit oft vieleckigen und kissenförmig bearbeiteten Steinen sind so kunstvoll gefügt, daß ich nicht einmal eine Rasierklinge in die Zwischenräume klemmen kann. Sie wirken massig im Kontrast zu den Häusern der spanischen Tradition. Da hat in der Calle San Agustín der Palast des Inka Pachacutic Yupanqui gelegen, in der Hatunrumiyoc-Straße der Palast des Inka Roca. In seinen Grundmauern ist ein Stein mit zwölf Ecken zu sehen. Jetzt steht ein Bischofspalast aus dem 16. Jahrhundert auf den Resten. Nur wenige Bauten, wie die Kirche Santo Domingo im 16. Jahrhundert von den Dominikanern auf den Mauern des alten Sonnentempels Coricancha erbaut, haben Proportionen, die ihrer steinernen Basis gerecht werden. Uns erscheint diese Symbiose sinnbildlich für eine historische Entwicklung, in der die Indianer zu Lasteseln ihrer weißen Herren geworden sind.

Die Anmut der zahlreichen Kirchen und der spanischen Holzbalkone an den Wohnhäusern macht die düstere Geschichte von Cuzco leicht vergessen. Heute sind die Läden unter den Bogengängen um die Plaza de Armas voll von Silberarbeiten, bunten Fajas und Wolldecken der Indianer, die zum Bild der Stadt gehören.

Überrascht bin ich von den geringen Dimensionen der alten Hauptstadt. Ich habe immer gedacht, angesichts der Größe des Reiches sei die Metropole der Inka wenigstens von 100000 Menschen bewohnt gewesen. In Wirklichkeit lebten hier wohl nur 20000 Menschen. Deshalb ist der Kern der Stadt, wie ihn die Herrscher zwischen 1200 und 1532 haben errichten lassen, so gut überschaubar. Cuzco war in eine Unterstadt mit Namen Hurin-Cuzco und eine Oberstadt mit Namen Hanan-Cuzco aufgeteilt. In Hurin-Cuzco wohnten die älteren, in Hanan-Cuzco die späteren Herrscherfamilien. Zwölf Panacas – so hießen die Großfamilien des jeweiligen Inka – hatten ihre Stadtpaläste in Cuzco. Sie besaßen außerdem einen Wohnsitz in ihren Ländereien vor der Stadt. Dieser Kreis umfaßte wohl nur wenige Tausend Menschen. Die Spanier nannten die Angehörigen der Panacas in Anspielung auf ihre goldenen Schmuckscheiben an den Ohren, Orjeones, also Großohren.

Zu den Einwohnern Cuzcos gehörten aber auch die Ehren-Inka, die in der Hauptstadt inkaisierten Angehörigen des Adels der eroberten Völker. Sie waren meist als mittlere Beamte an der Verwaltung des Imperiums beteiligt und standen für die Treue der Untertanen wohl auch mit ihrem Leben

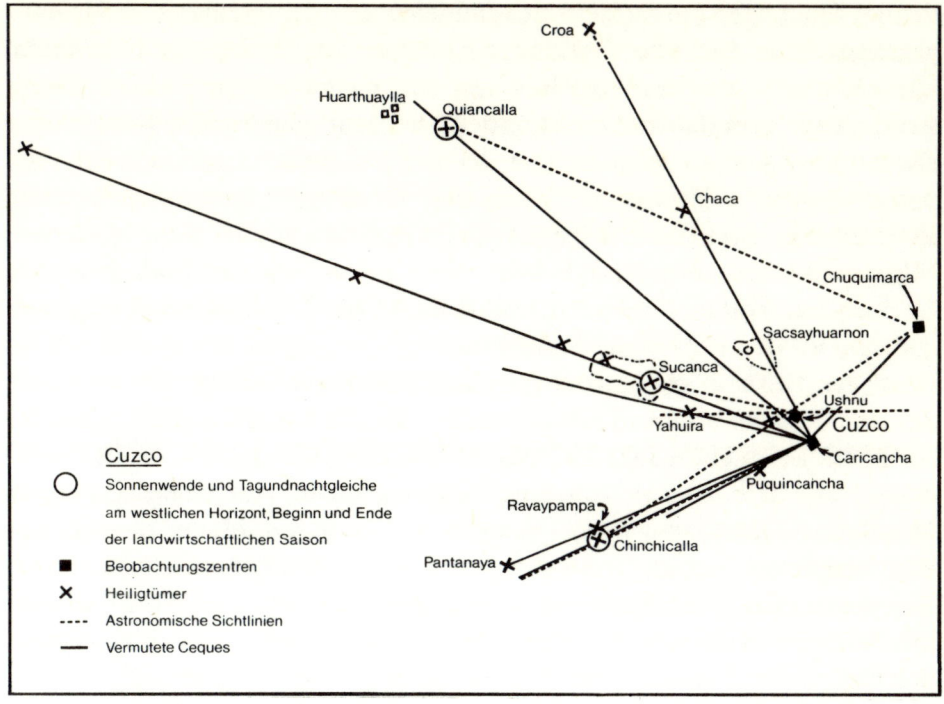

Linien und Beobachtungspunkte mit Cuzco als Zentrum. Die Zeichen bedeuten: Sonnenwende am westlichen Horizont (...), die für den Beginn und das Ende der landwirtschaftlichen Saison wichtig war, Beobachtungszentrum für Astronomen (...), Heiligtümer (...), astronomische Sichtlinien und vermutete Ceques, also Sichtlinien. (Nach Zuidema)

ein. Angesichts einer solch dünnen Herrscherschicht können wir uns leicht vorstellen, welch eiserner Wille und welche Härte dazu gehörten, das Riesenreich zu regieren.

Der Name Hanan-Cuzco für Obercuzco und der Name Hurin-Cuzco für Untercuzco stehen zugleich für die Zweiteilung der Stadt. Ana Maria Mariscotti de Görlitz hat diese Zweiteilung, die Indiz für eine dualistische Weltvorstellung ist, auch in vielen Dörfern Perus, Boliviens und Nordchiles in unseren Tagen vorgefunden. Die beiden Teile Cuzcos waren wiederum in je zwei Zeremonialsektoren unterteilt, also insgesamt in vier Zentren, die, nach der Anthropologin, „die Gliederung des Reiches in vier Provinzen wiedergaben und zugleich dazu dienten, die Ceques zu klassifizieren. Dieser Klassifizierung", meint sie, „entsprachen ebenso viele Bevölkerungsgruppen, die die heiligen Stätten jener Ceque zu pflegen und zu verehren hatten. Die Namen der zu Obercuzco gehörenden Ceque wurden im Uhrzeigersinn aufgezählt, die der Ceque Untercuzcos in der entgegengesetzten Richtung. Ähnliche Systeme von Heiligtümern besaßen alle wichtigen Orte des Inka-Reiches. Das Ceque-System basiert offensichtlich auf dem dualen Grundmodell, das dem religiösen, dem kalendarischen und dem sozialen System der Zentral-Anden zugrundeliegt und präinkaischen Ursprungs ist."[3] Wir sind dieser noch heute praktizierten Betrachtungs- und Handlungsweise ja im Bolivien unserer Tage begegnet. Mittelpunkt des „Strahlenbündels" der Ceques war der Sonnentempel Coricancha. Von hier aus verliefen sie in die vier Kardinalrichtungen und endeten auf den Bergen der Umgebung.

Nach Auffassung verschiedener Altamerikanisten waren alle urbanen Zentren des Imperiums in Ceques aufgeteilt. So präsentierte Frau Mariscotti zum Beispiel im Jahr 1978 die Skizze eines Ceque-Systems in Nordchile. Nahe dem Salar de Atacama im Departement Antofagasta liegt die Ortschaft Socaire, von Bergen umgeben. Die Skizze bindet die um das Zentrum Socaire gruppierten Berge in ein strahlenförmiges System von Sichtlinien ein. Johan Reinhard stellte einige Zeit später auch die Existenz inkazeitlicher Ruinen auf einigen Gipfeln nahe Socaire fest, die vermutlich Opferstätten im Rahmen eines Wasserkultes gewesen waren.

Im Bestreben der Inka, der von ihnen eroberten Welt eine Ordnung aufzuprägen und sie bis in alle Winkel überschaubar zu machen, haben auch die Ceques eine bedeutende Rolle gespielt. Und Tom Zuidema meint sogar, daß es ein ungeheures „imperiales" Ceque-System gegeben habe, das

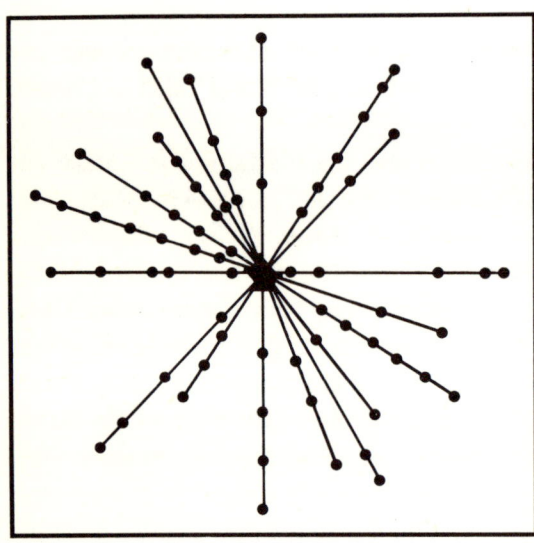

Strahlenförmig gehen die Linien vom Sonnentempel in Cuzco aus. Die Knoten repräsentieren Heiligtümer. So könnte das Liniensystem zur Inka-Zeit ausgesehen haben. (Nach Johan Reinhard)

Oben: Das Zentrum der Inka-Welt war Cuzco. Heute leben etwa 130 000 Menschen in der 3 380 m hoch gelegenen Stadt.
Foto: Peter Baumann

Unten: Die Inka-Festung Sacsayhuaman, die uns noch im zerstörten Zustand beeindruckt, liegt über der Stadt Cuzco.
Foto: Peter Baumann

Die Inka haben auch die Festung Ollantaytambo errichtet. Die Feldbau-Terrassen im Hintergrund waren zu ihrer Zeit wohl ergiebiger, als
sie es heute sind. Ihre Fruchtbarkeit aber hing
nach dem Glauben der Bauern von der Gunst
der Berggötter ab.
Foto: Peter Baumann

Über den Mauern des Sonnentempels der Inka
erhebt sich in Cuzco heute eine Kirche.
Foto: Ibero-Amerikanisches Institut

Nicht alle Gipfel belohnten den Aufstieg durch wichtige Funde: Johan Reinhard in einer der von ihm entdeckten Steinstrukturen. Foto: Johan Reinhard

Mehr wert als Gold war den Inka die Spondylus-Muschel. Johan Reinhard fand auf dem Gipfel des Taapaca in 5815 m Höhe eine Inka-Statuette, die aus dieser Muschel angefertigt worden war. Die Muschel mußte aus den warmen Gewässern vor der Küste Ecuadors eingeführt werden und galt als unentbehrlich beim Wasserkult.
Foto: Robert Blatherwick

Bei Ollantaytambo erbittet ein Bergbewohner vom Salcantay Schutz für eine sichere Reise. Er opfert drei Cocablätter, durch die er hier bläst. Andere Opfergaben für den Berggott im Hintergrund sind Muscheln, Zuckerwaren, Kekse, verschiedene Erdfarben, ein Lama-Fötus und Erzgestein. Diese Gaben werden bei Nacht dargebracht. Sie werden entweder verbrannt oder vergraben und sollen den Beistand des Gottes für Herden und Felder bewirken.

Beim Opferfest Qollur Riti repräsentieren diese Tänzer die Dschungel-Indianer. Nach einem alten Glauben hat die Schöpfung der Sonne die Vorfahren dieser Indianer zum Rückzug von den Bergen in den Dschungel gezwungen. Der Berg Sinakara reicht mit seinen nördlichen Hängen in den tropischen Wald hinab.
Foto: Johan Reinhard

alle bedeutenden lokalen Huacas integrierte. Die Konsequenz daraus wäre, daß auch die Heiligtümer auf den Gipfeln in Peru, Bolivien, Chile und Argentinien sich in das System heiliger Linien einreihten. Womit wir wieder beim Thema wären.

Die Geschichte über das Ceque-System ist so aufregend, daß es sich lohnt, noch mehr darüber zu erfahren. Was zum Beispiel steht darüber in historischen Dokumenten? Da haben wir zunächst wieder einmal die Schrift des spanischen Priesters Albornoz, der im späten 16. Jahrhundert „heilige Linien und Huacas" aufspürt und in der für die Kolonialherren typischen Unduldsamkeit ihre Zerstörung fordert. Der Archäologe Tom Zuidema, der sich mit diesem Phänomen besonders beschäftigt hat, entdeckt uns sodann, daß im Jahr 1570 jedes Dorf im heutigen Bolivien ein eigenes Ceque-System besaß. Er spürte ein weiteres schriftliches Zeugnis darüber auf. Der Spanier Rodrigo Hernandez schreibt darin von einem Ceque-System im zentralen Peru, das auf ein Kultsystem mit Schreinen ausgerichtet war, die die Indianer um einen Berggipfel herum errichtet hätten. Auf der Spitze eines Berges wurde eine Mumie angebetet, die früher als ein Menschenopfer, ein Capacocha, dargebracht worden war. Menschen, die wegen ihres Alters, einer Krankheit oder aus sonstigen

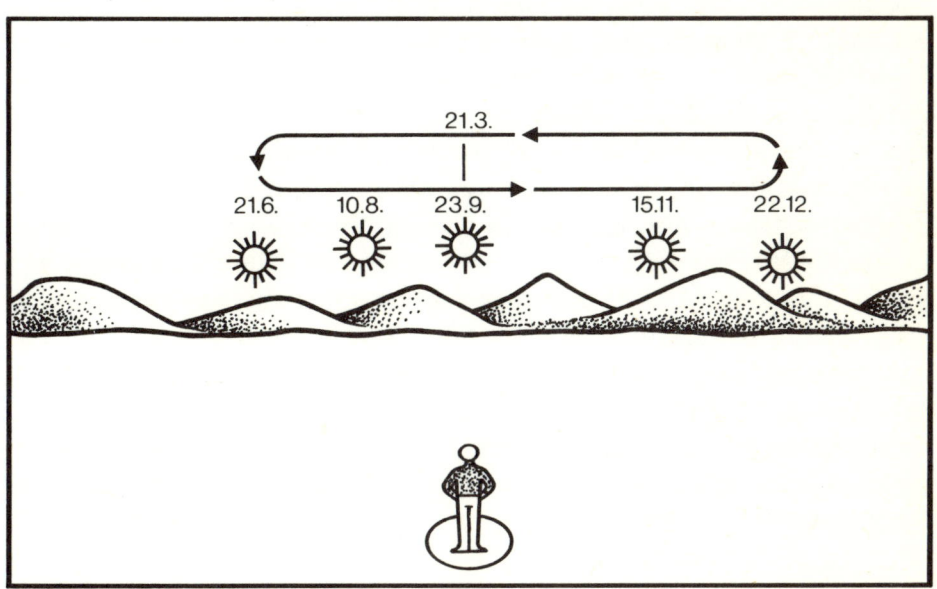

Die Skizze zeigt, welche Rolle herausragende Merkmale der Landschaft für einen Sonnenkalender gespielt haben. Sommer- und Wintersonnenwende sind links und rechts in der Sonnenbahn eingezeichnet. (Nach Kirbus 1976)

Gründen verhindert waren, die Opferstätte zu besuchen, verehrten sie von einer nähergelegenen Hügelspitze aus. Doch mußte der Berggipfel von dort aus zu sehen sein.

Ich habe vom Herrscher Pachacutic Yupanqui und seinen astronomischen Beobachtungen erzählt. Vermutlich ist auch ein Teil des Ceque-Systems von Cuzco darauf zurückzuführen. Nach Zuidemas Forschungen führten einige der Linien zu Horizontpunkten, die Daten über Sonnenauf- und Sonnenuntergänge für den Inka-Kalender lieferten. Zwei dieser Horizontpunkte zeigten die Sonnenwende im Dezember und im Juni an. Sie wurden auch als Huacas verehrt, was auf einen mythologischen und einen praktischen Sinn der Linien hinweist. Ihre praktische Seite wird uns auch noch in einem anderen Fall klar.

Bei der Kartierung von Flüssen und Kanälen, ihren Quellen und kritischen Stellen sollen die Ceques genutzt worden sein.

Mit einem in den Boden eingetieften Liniensystem, also nicht mit „gedachten" Linien, haben wir es in Nordchile zu tun. Dort bedeckt es, wie wir im Zusammenhang mit Nazca erfahren haben, den Hügel Cerro Unitas im Zentrum einer Wüste bei Muara. Steinhaufen und -kränze am Ende einiger Linien waren vermutlich Opferstätten.

Niemand weiß, wer dieses System in der Wüste geschaffen hat. Noch ist am Cerro Unitas zuwenig geforscht worden. Fest steht aber, daß der Hügel in alter Zeit verehrt wurde und die Linien religiöse Bedeutung gehabt haben. Es scheint, als hätten die Inka mit ihrem hohen technischen und organisatorischen Niveau die meisten Opferstätten auf den Andengipfeln errichtet. Doch viele Kulturen haben, wie die Chronisten Avila, Albornoz, Acosta und andere herausfanden, Berge lange vor den Inka als Götter verehrt. Die Inka haben sie okkupiert und in ihre Kosmologie eingefügt. Ihre neuen Götter und vor allem sie selbst aber spielten darin die wichtigste Rolle. Dafür haben die Berggötter in einer ganzen Zahl von Andendörfern und -regionen die „Staatsreligion" trotz der heftigen Christianisierung überlebt, und dies aus zwei guten Gründen: Berge kann man nicht umbringen und nicht aus dem Weg räumen wie den letzten Herrscher Atahualpa, und sie sind noch immer mit den ständigen Sorgen der Bauern um Wasser verbunden.

Der Sieg der alten Götter

Der Untergang der Inka-Sonne

In Cuczo wird im Jahr 1527 der Leichnam des Inka Huayna Capac mumifiziert, das Haupt mit einer Goldmaske geziert. So entdecken sechs Jahre später die Spanier den Toten. Einige Indianerfürsten sehen die Ankunft der Fremden etwa um diese Zeit nicht ungern. Gar zu sehr drückte sie das inkaische Joch. Sie werden den Konquistadoren Indios amigos als Hilfstruppen zur Verfügung stellen.

Die Söhne des verstorbenen Huayna Capac erheben beide Anspruch auf das Reich.

In Cuzco schmückt der Vila Huma, der oberste Priester, Huascar mit der karmesinroten Quaste aus seidiger Vicuñawolle. In Quito läßt sich Huascars Halbbruder Atahualpa mit den gleichen Insignien krönen. Er hat die Unterstützung der Generale seines Vaters, er verfügt über militärische Machtmittel. Es gibt sogar eine Lesart, nach der überhaupt erst die Feldherren Rumiñahui, Quizquiz und Chalcochima den Atahualpa auf den Thron gehoben hätten. Denn zunächst soll Atahualpa vom Bruder nur den nördlichen Teil des Tahuantinsuyu verlangt haben. Huascar soll abgelehnt und Atahualpa zur Huldigung nach Cuzco bestellt haben.

Der Machtkampf der beiden stürzt das Land in ein Blutbad, und er nützt den Spaniern. Atahualpa kommt dem Befehl des Inka Huascar nicht nach und bleibt den Feierlichkeiten in Cuzco fern. Bald gerät er in Bedrängnis. Auf dem Marsch nach Süden trifft er bei Tomebamba auf eine Streitmacht unter dem Prinzen Atoc, seinem Halbbruder. Ein Teil der landeskundigen Cañari, die seinem Vater geholfen haben, den Norden gegen die Cara zu erobern, stehen dem Prinzen zur Seite. Atahualpa verliert die Schlacht, er gerät in Gefangenschaft. In der Nacht − das siegreiche Heer aus Cuzco tanzt im Chicha-Taumel − bricht sich Atahualpa mit Hilfe einer in sein Gefängnis geschmuggelten Stange eine Bresche in die Mauer und flieht nach Quito. Dort organisiert er ein neues Heer, das die Cuzco-Streitkräfte bei Ambato überrascht und vernichtend schlägt. Atahualpa, darin ganz zupackender Erbe seines Vaters, habe, so heißt es, viele Cañari hinrichten und ihre Herzen auf die Felder „säen" lassen: „Will sehen", soll er gesagt haben, „welche Früchte Verrat trägt." Aus dem Schädel des gepfählten gegnerischen Oberbefehlshabers läßt er sich eine vergoldete Schale fertigen. Im zerstörten Tomebamba empfängt er dann die Maskapaicha des alleinregierenden Inka.

Dies also ist die Situation, als Pizarro an der Peripherie des Inka-Reiches landet. Oft ist inzwischen die Frage gestellt worden, ob nicht Huayana Capac selbst die Einheit des Reiches zerstört habe, indem er Atahualpa „das Erbe seiner Mutter" zusprach. Dieser, um 1500 in Caranqui geboren, galt in den Augen des Adels in Cuzco als „Bastard", weil er der Verbindung des Inka mit einer einheimischen Prinzessin namens Scyri Puccha entstammte; bei den Inka waren nur die Söhne erbberechtigt, die die Herrscher mit ihren Schwestern gezeugt hatten. Für den Geschichtsforscher freilich beginnen hier die Fragen: Vielleicht lag es im Interesse der zeitgenössischen und späteren Chronisten, den Atahualpa als „Bastard"

Das Ende eines Gottes: Der gefangene Inka Huascar wird von Atahualpas Generalen wie ein Hund durch die Straßen Cuzcos geführt. (Aus der Chronik des Guamán Poma)

zu bezeichnen? Es muß doch Gründe gegeben haben, weshalb ihn im Norden die Feldherren des verstorbenen Huayna Capac auf dem Thron akzeptierten!

Im September 1532 treffen in Tumbéz, wo Pizarro lagert, Meldungen ein, die geeignet sind, die Spanier nach Cajamarca in Marsch zu setzen. Es ist die Zeit, da für den Herrscher des Nordens die Entscheidung schon gefallen zu sein scheint. Huascar, der im weiten Süden des Reiches gewaltigere Heere sammeln kann, als sie Atahualpa je aufbieten könnte, fällt einer Vorausabteilung des Nordheeres in die Hände, als er sich auf der Jagd zu weit von seiner Hauptmacht entfernt.

Zwischen Quito und Cuzco, gut 500 km südlich von Tumbéz, unterhält Atahualpa jetzt ein Heerlager bei den heißen Quellen der Stadt Cajamarca. Die Spanier sind wie geblendet, als der erste Glanz des Inka-Staates auf sie fällt. Eine blühende Stadt Cajamarca liegt vor ihnen. Eine breite Straße zerschneidet die fette, blumenübersäte Wiesenlandschaft vor der gewaltigen Bergkulisse. Unüberschaubar ist die Zahl der Zelte: „Ich wußte, unsere eigenen Träger würden über uns herfallen, wenn sie die geringste Schwäche spürten. Es war am klügsten, so kühn wie möglich aufzutreten und offen voranzuziehen, ohne Furcht zu zeigen, ohne die Inka-Divisionen, die wir passierten, zu beachten", diktiert Pizarro später. Er ahnt wohl nicht, daß Atahualpa über das Dreifache der hier anwesenden Streitmacht verfügt. Inzwischen führt sein General Chalcochima im Süden den gefangenen Huascar an einer Leine durch die Straßen. Ob der gefangene Gegenspieler später auf Befehl Atahualpas stirbt oder durch eigenmächtiges Handeln des Feldherrn, ist nicht mit Gewißheit zu ermitteln. Vermutlich wird er erschlagen, sein Leichnam bei Andamarca in den Fluß geworfen. Vor seinem Tod soll er ausgerufen haben: Meine Herrschaft war kurz, die des Verräters wird noch kürzer sein." Und so kommt es.

Tod eines Gottes

Das Drama ist oft geschildert worden. Und doch haben wir Mühe, das Geschehen zu begreifen. 67 spanische Reiter und 110 Fußsoldaten unter Francisco Pizarro treffen nach wochenlangen Märschen am 15. November in der Andenstadt Cajamarca auf den Inka Atahualpa inmitten seines Feldheeres. Am nächsten Tag geschieht das Unfaßbare: Die Spanier greifen auf der engen Plaza von Cajamarca, wo Atahualpa sie besucht, überraschend an und nehmen den Herrscher nach blutigem Gemetzel unter seinen Würdenträgern gefangen.

Ein Fremder hat ungestraft Hand an den Sohn der Sonne legen dürfen. Diese ungeheuerliche Tatsache lähmt ein ganzes Heer. Durch Pizarros brutalen Zugriff stirbt am 16. November 1532 ein Gott, auch wenn der Mensch Atahualpa noch für eine Frist überleben wird.

Wer ist dieser Sohn der Sonne gewesen? Über 450 Jahre nach seinem Tod beherrschen noch immer romantische Zerrbilder unsere Vorstellungen von jenem Inka-Herrscher, den der Dichter Jakob Wassermann als nachdenkliche Seele gezeichnet hat, „wissend um den Geist der Finsternis".

Die Geschichtswissenschaft kann inzwischen mit einigen überraschenden Wahrheiten dienen, wonach der Inka den Konquistadoren an Härte und Kaltblütigkeit kaum nachgestanden hat und die Sieger bei der Sicherung ihrer Eroberungen manchmal mehr Glück als Verstand hatten. Außerdem wird deutlich, wie schnell mancher Sohn des Sonnensohnes und manche seiner Töchter zu Handlangern und Kostgängern der Spanier verkamen und außer ihrer Göttlichkeit auch noch die Würde verloren. Verglichen mit diesen, macht der gefangene Atahualpa eine gute Figur.

„Es ist das Geschick, im Krieg zu siegen und besiegt zu werden", sagt er am Abend nach der Gefangennahme an der Tafel zu Pizarro. „Ich habe von eurem Vormarsch gewußt, seit ihr gelandet seid. Ich habe gedacht, ihr seid zu schwach an Zahl, um eine Gefahr für uns zu bedeuten. Ich habe geplant, euch gefangenzunehmen, eure Pferde zu erbeuten und eure Männer zu meinen Dienern zu machen." So soll er zu Pizarro gesprochen haben, wenn man dem spanischen Zeitgenossen glauben darf. Von den Spaniern können wir auch nur erfahren, wie der Mann aussah, der nach der Staatsreligion ein Gott war. Jerez beschreibt den letzten Inka in der Nachfolge Manco Capacs, der als Stammvater des Herrschergeschlechts um 1200 n. Chr. Cuzco erobert und zur Metropole ausgebaut haben soll, als einen stattlichen Mann mit einem schönen und wilden Gesicht. Eines seiner Ohren sei verstümmelt gewesen. Blutunterlaufene Augen hätten Atahualpa ein grimmiges Aussehen verliehen: „Seine Rede", heißt es weiter, „floß gelassen und ernst wie die eines großen Herrn; sie konnte im Laufe einer wohlbedachten Argumentation rasch zu Lebhaftigkeit ansteigen."

Dies ist nur eine Skizze in Worten. Alle Bilder, die später von Atahualpa gemalt worden sind, sind Bilder der Phantasie. Das abenteuerlichste

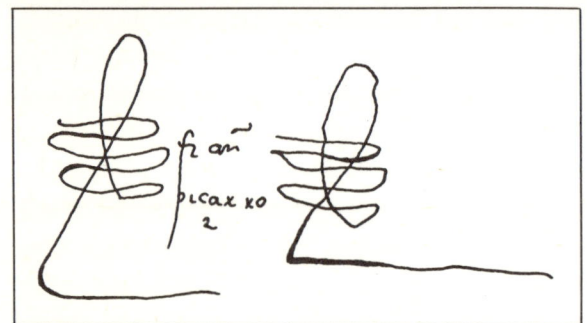

Oben: Er stürzte den Gottkaiser
Atahualpa: der Haudegen Fran-
cisco Pizarro, Eroberer des Inka-
Reiches.
Links: Pizarros mühsam eingeüb-
te Unterschrift.

152

davon hängt im Rijksmuseum in Amsterdam und zeigt den Herrscher als eine Art Barbarossa in seiner Sänfte.

Atahualpas Haltung, seine Intelligenz und die absolute Macht, über die er bei seinen Untertanen auch in der Gefangenschaft verfügt, nötigen den Spaniern Respekt ab. Pizarro erlaubt Atahualpa, sein Gefolge neu zu bilden; Würdenträger dürfen ihn besuchen. Die Spanier mißbrauchen ihn trotz ihrer Hochachtung bis zu seinem Tod. Sie versprechen ihm die Freiheit. Dafür muß er einen Raum – 2,5 m hoch, 22 × 17 Fuß in der Grundfläche – mit Gold füllen lassen. In den Monaten, in denen die Indianerkolonnen aus allen Teilen des Reiches das Gold herbeischleppen, brennt die Kammer einmal ab. Unter den Schätzen, die sich schließlich unterm roten Strich türmen, gehört auch das Tempelgold des Küstenheiligtums Pachacamac. Mit ihm kommt freiwillig auch einer von Atahualpas Feldherren. Es ist Chalcochima. Über seine Begegnung mit Atahualpa schreibt der spanische Hauptmann Estete:

„Während dieser Hauptmann Chalicuchima auf die Türen zuschritt, hinter welcher sein Fürst gefangen war, nahm er kurz vor der Schwelle einem Indio eine mittelschwere Last ab und legte sich diese selbst auf den Rücken. Ein gleiches taten die übrigen indianischen Herren seines Gefolges. So beladen, trat er mit den anderen in das Gemach seines Herrn. Sobald er ihn erblickte, hob er die Hände zur Sonne empor und dankte, daß er ihn sehen durfte. Dann näherte er sich unter großer Ergebenheit und Tränen, küßte des Inka Gesicht, Hände und Füße. Desgleichen taten das die anderen Großen seiner Begleitung. Atahualpa bewies dabei eine solche Erhabenheit, daß er – obwohl es in seinen Reichen niemanden gab, den er höher schätzte – ihn nicht anblickte und nicht mehr zu beachten schien als irgendeinen Indio." Aus dem Gespräch übermittelt uns Estete die Passage: „Wäre ich hier gewesen, die Christen hätten dich nicht gefangen." Die Antwort des Atahualpa lautete: „Es war der Wille Viracochas. Ich habe sie zu gering geachtet, und Rumiñahui ist mit seinen Kriegern geflohen, statt zu kämpfen ..."

In dem Prozeß, der bald nach dieser Begegnung folgt, werfen die Christen Atahualpa vor, er habe viele Nebenfrauen besessen, sei Götzendiener gewesen, habe seine Untertanen gezwungen, Menschen zu opfern. Während der Gefangenschaft habe er versucht, mit seinen Hauptleuten einen Aufstand zu organisieren, der den Spaniern den Tod bringen sollte. Der Inka wird zum Tod verurteilt. Weil er seine Verbrennung vermeiden will, akzeptiert Atahualpa die Taufe, und stirbt neun Monate nach seiner

Gefangennahme und Erfüllung aller Lösegeldverpflichtungen als Don Francisco Atahualpa. Pizarro läßt die Nachwelt wissen: „Wir schätzten diesen Mann."

Der Leichnam Atahualpas liegt nicht in Cajamarca. Kaum, daß die Spanier die Bergstadt in Richtung Cuzco verlassen, läßt der Feldherr Rumiñahui den Toten ausgraben. Er nimmt ihn mit nach Norden. Wohin, das weiß niemand. Oft, wenn Mitglieder der Inka-Herrscherfamilien starben, wollten sie in den Bergen bestattet werden. Vielleicht galt dies auch für Atahualpa, jetzt, da der Sonnentempel in Cuzco für immer verloren war.

Was für ein Mann war Atahualpa?

War der Inka-Herrscher ein Mann von überlegener, philosophischer Haltung, oder war er wie sein Gegenspieler Pizarro ein zynischer Machtmensch? Hat Atahualpa Werten wie dem gelben Metall wirklich so unschuldig gegenübergestanden, wie uns verschiedene Autoren glauben machen wollen?

Mein Bild von Atahualpa hat nur noch wenig mit dem gemeinsam, das uns Jakob Wassermann in seiner Novelle „Das Gold von Caxamalca" zeichnet. Es hat wissenschaftliche Detailarbeit für sich, ist aber freilich auch mitgeprägt von den Berichten der spanischen Augenzeugen und Chronisten, die ihre Verdienste herausstrichen, um Gnadenerweise des Königs zu erlangen. Und es muß auch die verklärenden Aufzeichnungen zweier Inka-Nachfahren zur Vorlage nehmen, für die Inka-Zeiten „goldene Zeiten" gewesen sind.

An solchen Quellen beklagen die Geschichtsforscher die Färbung, die den Blick auf den Grund der Wahrheit trübt. Ich habe das Glück, einen Kenner der Inka-Zeit zu treffen, der um Klarheit bemüht ist.

„Wir dürfen die Inka und die Spanier nicht im Sinne der Humanismusideen des 20. Jahrhunderts interpretieren!" meint Udo Oberem, den ich ein paar Monate nach meinem Besuch in Cuzco in der Bonner Universität besuche: „Wir wissen, daß Atahualpas Heerführer Rumiñahui bei Pomasqui 4000 Menschen hat umbringen lassen, die nicht für ihn kämpfen wollten." Das geschah im Jahr 1533, als der General die Spanier auf seinem Zug nach Norden auf den Fersen hatte, deren Streitmacht schon durch indianische Hilfstruppen – Chanca, Huanca und Cañari – verstärkt wurden.

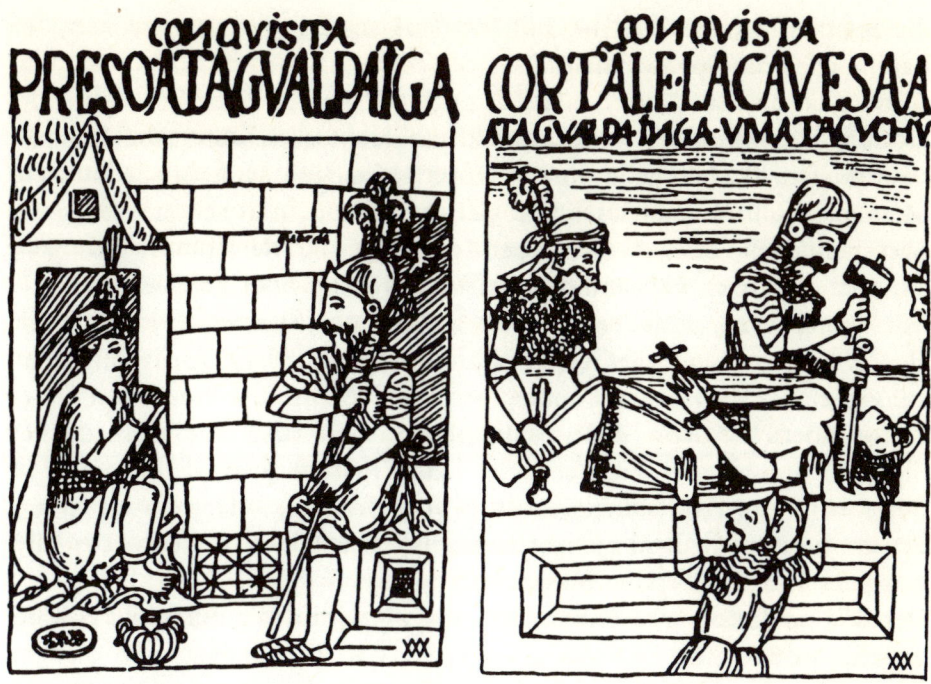

Gefesselt und bewacht: Atahualpa in den letzten Tagen seiner Gefangenschaft, als die Hinrichtung schon beschlossen war. Der Schöpfer der Chronik, Guamán Poma, irrte, als er Atahualpas Hinrichtung als Enthauptung darstellte. Der Inka wurde im Jahre 1533 durch die Garotte erdrosselt.

Hilfstruppen, die mit dem Herrschervolk oder auch nur einer Fraktion im Widerstreit lagen, hatten denn auch wie zuvor bei der Eroberung Mexikos ihren Anteil an den Siegen der Spanier. Diese „Indios amigos" wollten das inkaische Joch abschütteln, das sie grimmig drückte, und handelten sich dafür ein schwereres ein.

Udo Oberem, der in den Archiven Cuzcos, Limas, Quitos und Madrids zu manchen verborgenen Dokumenten vorgestoßen ist, vermittelt uns einen Eindruck von den damaligen Geschehnissen: „Man muß wissen, daß die Spanier Gnadenerweise von Karl V. erlangen wollten und ihre Verdienste entsprechend herausstrichen. Sie bauten ihre Geschichte so auf, daß sie als große Leute erschienen. Das Inka-Reich ist aber nicht auf ‚wunderbare' Weise in kürzester Zeit erobert worden. Pizarro hat allein zehn Jahre benötigt, ehe er von Tumbéz, wo die ersten Spanier landeten, nach Cajamarca marschierte und dort Atahualpa in seine Gewalt brachte. Es war Selbstbewußtsein, das Atahualpa in die Falle gehen ließ: er glaubte, die Spanier würden wie die Indianer auf seinen Auftritt reagieren. Er kannte eben die Spanier nicht."

Auch nach diesem Coup dauerte es noch 40 Jahre, bis die Eroberung des größten Staatsgebildes in Altamerika abgeschlossen war: „Die Indianer lernten schnell. Ich habe eine Angabe gefunden, nach der indianische Metallgießer in Lima Geschütze gießen mußten, und schon bald setzte Manco Inka die erste Artillerie bei der Belagerung der Spanier ein. Seine Truppen führte er während des Aufstandes sogar hoch zu Roß."

Mit Vorsicht zu genießen sind die Zahlen der Spanier über die Inka-Heere. Niemand hat die Gegnerscharen je gezählt. Und wie leicht Schätzungen zu hoch ausfallen können, weiß jedermann, der in unseren Tagen Zeitungsberichte von Kriegsschauplätzen mit den unterschiedlichen Siegesmeldungen der Gegner liest. Udo Oberem traut den Konquistadoren bei ihren Zahlenangaben nicht über den Weg: „Der einzige Mann, der ein bißchen neutral zu sein versuchte, war Cieza de León. Der aber war kein Mann der ersten Stunde."

Der Dichter Jakob Wassermann hat uns, als wir noch gutgläubige Schüler waren, durch seine Novelle „Das Gold von Caxamalca" die gierigen Spanier hassen gelehrt, hat uns den heidnischen Atahualpa nahegebracht, der grüblerisch das Treiben der Spanier tatenlos beobachtete. Hier eine Kostprobe:

„Ich bemerkte nicht selten, daß Atahualpa in der Nacht, wenn seine Getreuen schliefen, aufrecht saß und lauschte. Da war nämlich immer ein Scharren und Schlüpfen, Murmeln und Rascheln, und wenn zufällig der Mond schien und sein Strahl das Gold beleuchtete, sah man die brünstig aufgerissenen Augen, in denen ein matter Abschein war, aus Goldglanz und Mondglanz gemischt, und sie waren dann Tieren ähnlich, die auf verborgenen Wegen zur Tränke schlichen, aus Furcht vor anderen Tieren, die stärker sind." Und Atahualpa? „Er mußte sich sagen: das gelbe Metall können sie nicht trinken; nur durch die Augen schlürfen sie seinen Schimmer und seine Farbe; was teilt es ihnen mit? Was verspricht es ihnen? Sie schmücken sich nicht damit, sie sind schmucklos am Leib wie Schatten; was fruchtet es ihnen, Gold zu besitzen?"

Ach, so naiv kann Atahualpa nicht gewesen sein! Zwar ließen ihn Selbstbewußtsein und vollkommene Unkenntnis der brutalen Entschlossenheit der Fremden in die Falle gehen. Aber hat ihm Wassermann nicht Unrecht getan, wenn er ihn, den listigen, zupackenden Kriegsherrn, zum weltfernen Philosophen machte?

Udo Oberem will auch nicht gelten lassen, daß der Inka etwa zum Gold oder zu anderen Werten keine Einstellung gehabt habe: „Natürlich", meint er im Gespräch mit mir, „hat er ein Verhältnis zu Werten gehabt. Nur war für den Inka Gold nicht gleich Geld, also kein Zahlungsmittel, mit dem man Besitz erwerben konnte. Es war ein schönes Metall, mit dem man arbeitete." Wertvoller in Inka-Augen waren zum Beispiel die schimmernden Federn seltener oder schwer zu erjagender Vögel, die man zu Schmuck oder kostbaren Ponchos verarbeitete. Auch feinste Gewebe wurden hoch geschätzt: „Mit solchen Luxuswaren", weiß Oberem, „gewann oder hielt man Verbündete im Reich."

Rente für die Erben der Inka

Wie schnell sich die „Erben" Atahualpas an den Wert des Geldes — Geld gleich Gold — gewöhnt haben, können wir in den „Informaciones" und Briefen der Kinder und Enkel des Herrschers nachlesen, die an den König in Spanien gerichtet sind und eine Rente erheischen. Udo Oberem hat sie aus den Archiven ausgegraben: „Wenn nicht", schrieb Doña Bárbara Atahualpa-Ynga im April 1613, „der Marquis Francisco Pizarro meinen Großvater grundlos enthauptet hätte, obwohl Frieden geschlossen war, wäre ich reich und würde über viele Reichtümer und Schätze verfügen, die man zu Eurer Majestät gebracht hat und noch immer bringt gerechterweise, weil man uns zum heiligen katholischen Glauben geführt hat. Im Hinblick auf diese und andere Gründe möge Anweisung erteilt werden, daß baldmöglichst eine Rente ausgezahlt werde, die bis ans Ende der Welt für alle Nachkommen und Erben gelte. Denn in diesen Reichen gelten die Gunstbezeigungen, die man Grafen, Herzögen und Markgrafen erweist, für ewig, und mein Großvater war weder ein Tyrann noch hat er sich gegen Eure kgl. Krone erhoben."[1]
Es gilt als wahrscheinlich, daß Bárbara Atahualpa eine Rente erhalten hat. Oberem entdeckte ein Schriftstück aus dem Jahre 1642, in dem ein ganzes Dorf, San Luis, als Encomienda dieser Enkelin des Inka erwähnt wird. Einkünfte von 6000 Pesos jährlich hatte der König auch zuvor zwei Atahualpa-Söhnen in Cuzco — dem Diego Hilaquita und dem Francisco Ninacuro — zugesprochen. Einem weiteren Sohn in Quito — Francisco Túpac Atauchi — ließ der Vizekönig in Lima zunächst jährlich nur dreihundert, später (1563) 1000 Pesos jährlich auszahlen.

Aus solcher Fürsorge des spanischen Herrscherhauses für Angehörige des inkaischen Hochadels spricht die Anerkenntnis ihres besonderen Ranges. Wie spanische Hidalgos durften sie auch den Degen tragen, was den Indianern sonst verboten war.

Während der Jahrzehnte, in denen die Eroberer noch im Kampf mit dem Herrscher des Neo-Inkareiches Villcabamba standen, spielten die Söhne und Töchter Atahualpas, soweit wir sie kennen, eine zwiespältige Rolle. Die Feindschaft zur Huascar-Fraktion, dessen Familie ja auch der aufständische Manco Capac II. angehörte, könnte dabei ausschlaggebend gewesen sein. Drei Frauen Atahualpas waren in den Wirren nach dem Tod des Inka nach Cuzco geraten, wo sie und ihre drei Söhne längere Zeit so unter der Feindschaft der Huascar-Verwandten zu leiden hatten, „daß diese sich nicht auf die Straße gewagt hätten", weiß der Chronist Garcilaso de la Vega zu berichten. Atahualpa hatte vermutlich Schlimmeres befürchtet und Pizarro vor seinem Tode um Schutz für seine Familie ersucht.

Göttliche Handlanger

Eine der „mujeres mas principales de Atahualpa" mit Namen Isabel Yarupalla vereitelte als „Begleiterin" des Capitán Juan Lobato de Sosa 1536 einen Aufstand unter Führung des Kaziken Chazaqoi, der sich mit weiteren Anführern dem Aufstand des Manco Inka anschließen wollte. Isabel hatte von der Versammlung im Hause eines Kaziken mit Namen Alonso von Otavalo Wind bekommen und die Spanier in derselben Nacht gewarnt: Pedro Puelles, Vertreter Pizarros, ließ darauf kurzerhand 120 „indios incas" aufhängen oder köpfen.

Ein Sohn Atahualpas wurde als Auqui, das heißt Prinz, Aufseher über die öffentlichen Arbeiten in Quito. Er galt als wohlhabender und gastfreundlicher Mann, der eine Jahresrente bezog und Einkünfte aus seinem Grundbesitz. Seinen Einfluß als Inka auf die Indianer stellte er ganz in den Dienst der Regierung, die ihn sogar 1554 zum Befehlshaber über indianische Hilfstruppen machte, als es galt, einen Aufstand in der Provinz Imbabura niederzuwerfen. Im Jahre 1559 begleitete der Auqui die Spanier zum oberen Napo, wo sie das Gebiet der Quijos in Besitz nahmen. 19 Jahre danach wurde sein Einfluß als „Sohn des Inka" noch einmal genutzt, um die Hochlandindianer im Gebiet von Riobamba, Loja und Cuenca von der Beteiligung an einem Aufstand der Quijos abzuhalten. Francisco Atahualpa, wie er hieß, war jetzt zum „Capitán y Justicia Mayor" aufgestiegen.

Dies sind hervorragende Gestalten aus der Familie Atahualpa, die nie im Widerstand gegen die Spanier gestanden haben. Der Sohn des Auqui fühlte sich gar schon ganz als Hidalgo, der mit Indianern nicht verkehrte. Er ging nach Madrid, wo er ein aufwendiges Leben führte und im Jahr 1588 oder 1589 im Schuldgefängnis starb, ehe ihm der König, der ihm 2000, nach einer anderen Quelle 6000 Pesos auszahlen lassen wollte, zur Hilfe kommen konnte. Udo Oberem, der all dies erforscht hat, behauptet, daß die Inka in Quito die Überlegenheit der neuen Zivilisation anerkannten. Er nennt sie gar Opportunisten und Überkonformisten. Von vielen Indianern wurden sie noch immer in ihrem hohen Rang anerkannt, von den Spaniern ausgenutzt. Göttern gleich waren sie schon lange nicht mehr.

Der Forscher hat auch die Schicksale anderer Angehöriger der Atahualpa-Familie nachgezeichnet. Ihre letzte Spur scheint sich dort zu verlieren, wo der Inka Atahualpa einst mit Pizarro zusammengetroffen war, in Cajamarca: „Hier", berichtet Oberem, „führte die Familie des Kaziken Astopilco ihre Abstammung auf Atahualpa zurück ... In vielen Beschreibungen der Stadt aus dem 18., 19. und 20. Jahrhundert werden die Astopilcos als Nachkommen des letzten Inka genannt. Sie bewohnten auch einen Teil des ehemaligen inkaischen Palastes, den sie aber um 1900 verkauften ... Alexander von Humboldt gibt an, sie leiteten sich durch die weibliche Linie von Atahualpa her ab." Noch heute behaupten Indianer in Peru, sie hätten Inka-Vorfahren gehabt: „Nachweisbar", aber sagt Oberem, „ist es nicht."

Atahualpa − sein Name bedeutet Glücksbringer − war für Wassermann eine exotisch-ferne Seele, durch die er unserer Zivilisation den Spiegel vorhalten wollte. Bei solcher Betrachtungsweise hat man Mühe, die Welt der Inka zu sehen, wie sie wirklich gewesen ist.

Dämon des Feuers und der Asche

Mitten in der Nacht war mir, als rüttelte jemand an meinem Bett. Dann schien es, als knarrten die Dielen unter heimlichen Schritten. Doch da war niemand. Ich schlief wieder ein.

Erst am nächsten Morgen fand ich eine Erklärung für die unsichtbare Kraft, die mich aus meinen Träumen gerissen hatte. Sie hatte außer mir auch die Nonnen des Klosters zu Macas erschreckt, das ich besuchte. Eine der Schwestern zeigte auf den blütenweißen Kegel, der sich aus den grünen Wogen des ecuadorianischen Urwaldmeeres erhob. Unschuldig paffte er seine Rauchwolken in den kobaltblauen Himmel. Das malerische Bild des Berges täuschte. Der Vulkan Sangay, meinte die Schwester, wäre der unruhigste Vulkan der Welt.

Heidnische Vorstellungen wurden im Kloster zu Macas abgelehnt. Doch einige der alten Leute, die in den Pioniersiedlungen Macas Puyo oder Pastaza um den Vulkan herum wohnten, nannten ihn „Dämon des Feuers und der Asche". In der Ortschaft Baños, am östlichen Kordillerenhang, warnten die indianischen Bergführer Fremde vor dem Aufstieg immer dann, wenn sie nachts zuvor im Berg die Teufel hatten tanzen sehen. Wer ihre Warnungen in den Wind schlug, war selbst an seinem Unglück schuld. Kürzlich erst, wurde mir erzählt, hätte der Sangay glühende Brocken aus seinem Schlund geschleudert und eine französische Seilschaft tödlich abgewiesen.

Der Zorn der Götter

Doch der Zorn der Andenberge trifft nicht nur die Übermütigen. In vielen Regionen glauben die Indianer, die Wünsche der Berge ständig erkunden und erfüllen zu müssen. Zu den Strafen, die einen Menschen treffen können, wenn er ihnen zum Beispiel ein Opfer verweigert, gehören Krankheiten. Umgekehrt wird es in Peru als eine gute „Versicherung" betrachtet, wenn man regelmäßig für sein Wohlergehen durch Opfer „bezahlt".

Im November 1981 sah ich auf dem Weg zum Tempelzentrum Chavín de Huántar auf dem Hochparamo mehrere Stellen, wo indianische Paß-wanderer den Berggöttern Tribut gezollt hatten: es waren kleine Türme aus Stein. Man hatte sie unmittelbar hinter dem Conocacha-Paß aufge-schichtet.Der Archäologe Federico Kauffmann-Doig, der mich begleitete, meinte, darin wären Cocablätter und Bälle aus Quinoa-Asche geopfert worden. Apachetas nannte man sie.

Anderswo in Peru sind kleine, mit Steinen zugedeckte Höhlen gefunden worden, in denen Indianer Schnaps, Zigaretten und Meerschweinchen ge-opfert hatten. Sie lagen in der Cerro-de-Pasco-Gegend in gut 4500 m Höhe und sollten die Mächte günstig stimmen.

160

Die Berge sind also in vielen Regionen der Anden noch immer aktiv und mischen im Alltag der alteingesessenen Bevölkerung kräftig mit. Diese glaubt zu wissen, wann die Berge hungrig sind und wann sie es mögen, wenn man für sie Musik macht. In der Hierarchie der Gipfel soll es auch Kampf und Streit geben, in dessen Gefolge schon mal ein rangniedrigerer Berg von einem ranghöheren ins Gefängnis geworfen wird. Natürlich halten die Berge auch regelmäßig Treffen ab. Wir sehen, es menschelt auch hier ganz schön unter den Göttern.

Die Indianer, die ihre Berggötter sehr genau beobachten, glauben, in dem Augenblick auch Trauzeugen zu sein, wenn bei Sonnenaufgang oder Sonnenuntergang die Schatten zweier benachbarter Berge aufeinander zukriechen und schließlich übereinanderfallen. Von besonderer Bedeutung war diese Beobachtung in früherer Zeit bei Sonnenwenden.

Eine Variante mit ehewirksamen Folgen wird in Nordchile erzählt, wo man zwei Berge auch dann für verheiratet hält, wenn der vom Mondlicht geformte Schatten eines Berges das Gegenüber trifft. Noch in jüngster Zeit hat Johan Reinhard auch aus dem Mund von Indianern in Nordchile erfahren, die Berge Licancabur und Quinal seien miteinander verheiratet. Viele Andenbewohner halten also die Berge noch immer für lebendige Götter, deren Zorn und Strafe sie auch fürchten, wenn sie wissen, daß diese Grund zum Ärger über die Menschen haben. Angesichts der Aktivitäten solch alter Gottheiten können wir uns vorstellen, wie lebendig die ganze Hierarchie der Gipfel erst den Menschen in früherer Zeit erschienen sein muß.

Der Wasserkult

Das größte Unglück, das über die Bauern kommen kann, war und ist anhaltende Dürre. Um sie zu vermeiden oder auch die Gründe dafür zu erfahren, unterhalten manche Gemeinschaften noch immer spezialisierte Vermittler. In der Umgebung von Socaire sind solche Männer tätig. Bei Cuzco, heißt es, würden die Berge solche Spezialisten durch den Blitz aussuchen. Wer durch den Blitz berührt worden sei, habe Zugang zu ihnen. Er könne im Trance seine Seele auf die Gipfelreise schicken, durch Kondorboten erfahren, was die Berggötter von den Menschen wünschten, und er könne selbst auf den Gipfel hinaufsteigen, um dort mit dem Gott zu sprechen.

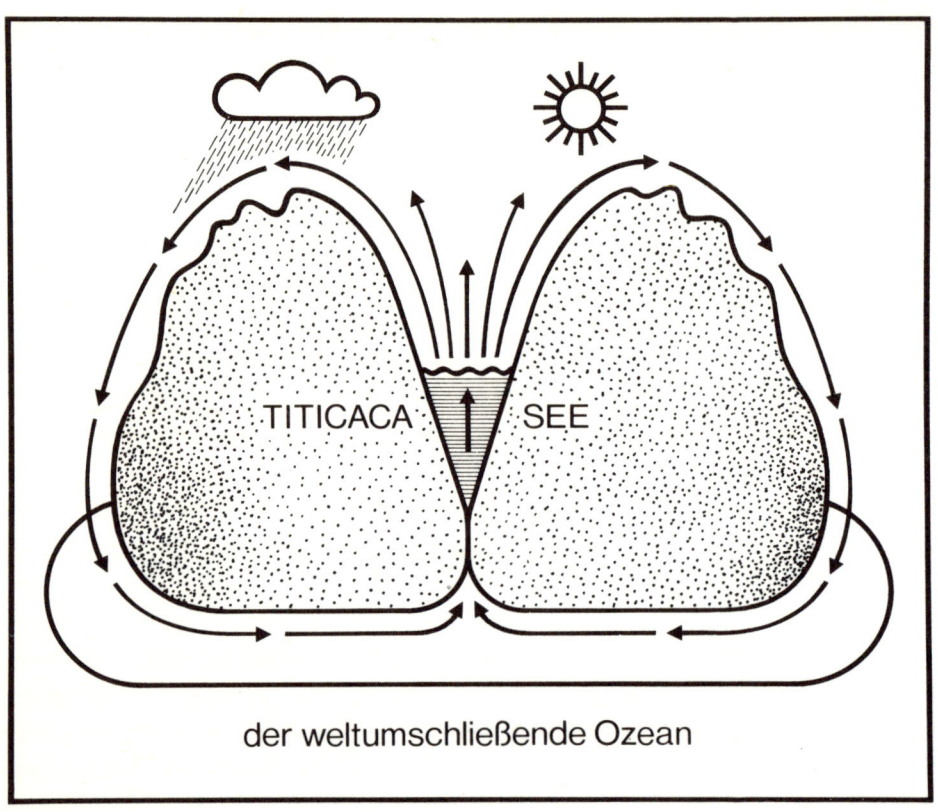

Das Inka-Weltbild, nach dem der Ozean die Welt umgibt und die Berge Bindeglied zwischen Ozean, Erde und Himmel sind. Der Titicaca-See gilt als Manifestation des Meeres. (Nach Earls und Silverblatt 1978)

Der Wasserkult, der den Bergen gewidmet ist, ist nicht überall geheim. Eine Wasserkult- und Fruchtbarkeitszeremonie kann man einmal im Jahr auf dem Berg Sinakara in Peru erleben. Bei Vollmond steigen Hunderte von Indianern zur Schneegrenze hinauf. Männer, Frauen und Kinder machen sich, begleitet von Priestern und Kruzifixen, bei Nacht auf den beschwerlichen Weg, sobald der Mond sein Silberlicht ausgießt. Und wenn sie mit ihrem unzureichenden Schuhwerk, unter ihnen viele Teilnehmer mit blaugefrorenen Händen und Füßen, oben ankommen, zünden sie Hunderte von Kerzen an und bitten in einer Mischung aus altindianischer und christlicher Zeremonie um Regen und Fruchtbarkeit für ihre Felder. Pollur Riti heißt das Fest im Schnee. Auf dem Rückweg nehmen sie Eis mit ins Dorf. Gemeinsam mit Johan Reinard bin ich im Tal des

162

Urubamba auch Augenzeuge einer Bergverehrung gewesen. Aus den einsamen Bergnestern kamen an diesem Sonntag vor einigen Jahren die Indianer nach Pisac. Sie wollten dort ein wenig handeln, eine Hochzeit und die katholische Messe feiern. Einige Männer trugen an einem Halsriemen große Muscheln. Damit sollten sie nach der Messe eine Musik machen, die ihnen zwar heilig, aber nicht von christlicher Art war. Nach der Andacht begleiteten wir die zehn Männer mit den Muscheln in die Feldbauterrassen und sahen und hörten, wie sie dort gemeinsam bis an die Grenze ihrer Lungenkraft in die Strombusmuscheln bliesen. Daß manche dieser Bläser im Volke einen besonderen Rang genossen, zeigten sie mit ihren schwarzen silberbeschlagenen Gouverneursstäben. Zur Zeit der Konquistadoren waren die Stäbe Insignien geliehener Macht. Die damit verbundene Würde war eine Scheinwürde; denn den Kaziken war der undankbare Vermittlerdienst zwischen den Spaniern und den eigenen Leuten zugedacht, die zumeist brutal ausgebeutet wurden. Heute werden die Stäbe oft von Sachwaltern in Gemeindeangelegenheiten getragen.

Viel älteren Ursprungs als die Gouverneursstäbe sind die großen, spiralförmigen Strombusmuscheln, die Pututos. Ihre Träger sehen wir auf alten Bildern aus der Chronik des Guamán Poma als Herolde. Als „Töchter des Meeres" waren die Muscheln in Inka-Tagen und sicher auch vor deren Zeit mit dem ewigen Wasserkreislauf verbunden. Mit dem Muschelklang machten die Indianer die Götterberge darauf aufmerksam, daß sie Regen benötigten. Die Berge waren Bindeglied zwischen Unterwelt, Erde und Himmel. Die Inka hatten da sehr entschiedene Vorstellungen. Die Erde, hieß es, ruht auf dem Meer. Das Wasser des Titicaca-Sees stammt von den Wassern des Meeres unter der Erde. Die Seen in vielen Gebieten sind Manifestation des Ozeans, von dem das Wasser in den Bergen und die Muscheln herkommen.

Heimkehr zu den Bergen

Eine Kosmologie, die das Leben als so abhängig von der Gunst der Berge sieht, rückt die Berge auch in ihren Vorstellungen über den Ursprung des Volkes und des Lebens nach dem Tode in den Mittelpunkt. Doch sind die Vorstellungen darüber nicht einheitlich. Manche sind auch mit der Inka-Herrschaft untergegangen, andere sind so zählebig, daß sie sich bis heute gehalten haben.

Aus Peru, Bolivien und den argentinischen Anden berichten verschiedene Forscher von Gebieten, wo die hohen Berge noch immer als die Stammväter des Volkes angesehen werden. Die Caranga-Indianer, die um den Tata Sabaya herum wohnen, betrachten diesen Gipfel als Gründer ihres Volkes. Eine solche Verflechtung des Gründers eines Volkes mit seinen Nachfahren erklärt auch, warum dieses Volk den Berg als Beschützer des Gebietes betrachtet.

Aus der peruanischen Region Apurimac berichten Forscher von einer Reise, die die Seelen der Toten unternehmen müßten, um ihr endgültiges Ziel, das Zentrum des Berges Coropuna, zu erreichen[2]. Dort erwartet die schon vom Leben nicht verwöhnten Bauern nicht etwa ein Land, in dem Milch und Honig fließen, sondern nur ein Dorf, in dem sie arbeiten müssen wie eh und je. Einziger Vorzug: ihre Felder werden vom Hagelschlag verschont, und über Wassermangel müssen sich die Toten keine Sorgen mehr machen.

Eine Reise zum Zentrum des Berges Coropuna ist nur harmlosen Sterblichen vergönnt, Sünder müssen zu anderen Bergen reisen. Und wenn der Berg sie nicht aufnimmt, haben sie damit zu rechnen, als Verdammte ziellos durch das Gebirge irren zu müssen. Wer vom Blitz erschlagen worden ist, den begraben seine Angehörigen möglichst in „stillen" Bergen, weil sie fürchten, der Gott des Blitzes könnte sie als Assistenten in seinen Dienst nehmen. Nur Kinder, so glaubt man am Fuße des Coropuna, kommen in den Himmel.

Fünf- und Sechstausender mit Funden auf oder nahe dem Gipfel

1. Sara Sara	16. Chachi	31. Toro	46. Paniri
2. Chachani	17. Llullaillaco	32. Las Tórtolas	47. Colorado
3. Pichu Pichu	18. Macon	33. Doña Ana	48. Curiquinca
4. Bonete	19. Chuculai	34. Mercedario	49. Sairecabur
5. Licancabur	20. Antofalla	35. Plomo	50. Tumisa
6. Juriques	21. Tebenquicho	36. Misti	51. Lejia
7. Morado	22. Gallan	37. Mismi	52. Chiliques
8. Pili	23. El Peinado	38. Coropuna	53. Miscanti
9. Pular	24. Azufre o Copiapó	39. Tata Sabaya	54. Miñiques
10. Quehuar	25. Los Patos	40. Vn. Isluga	55. Quimal
11. Socompa	26. Potro	41. Wanapa	56. Aracar
12. Pastos Grandes	27. Negro Overo	42. Tata Jachura	57. Chimberi
13. Acay	28. Tambillos	43. Jatamalla	58. Bonete Grande
14. Chani	29. Infiernillo	44. Miño	59. Mogotes
15. Del Castillo	30. Imán	45. Ascotan	60. Palas

Berge mit archäologischen Überresten auf oder nahe dem Gipfel.
Nr. 29, 30, 43, 55 und 60 sind unter 5 200 m hoch.

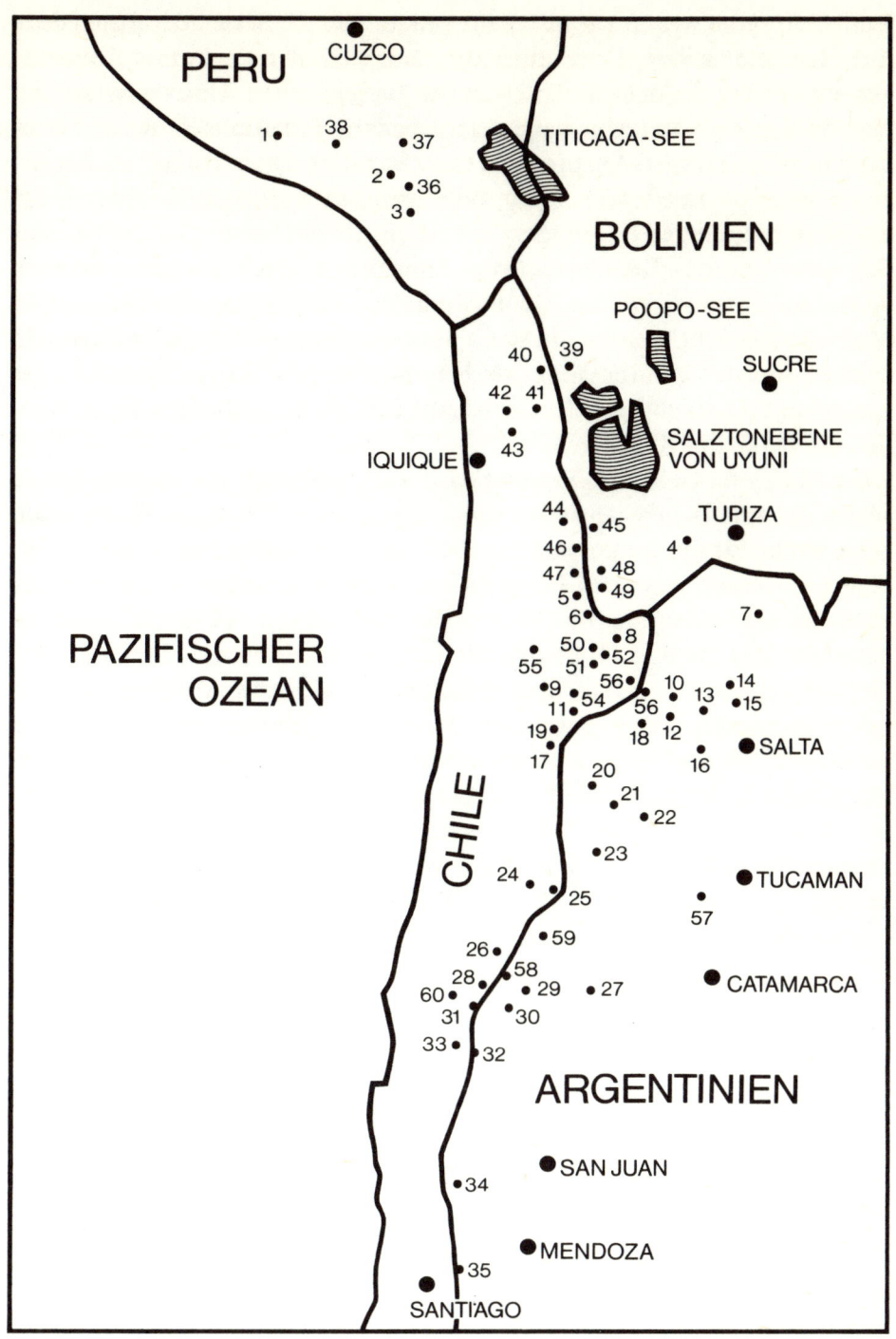

PERU

CUZCO

1 ●   38 ●   ● 37

TITICACA-SEE

2 ●   ● 36

3 ●

BOLIVIEN

POOPO-SEE

40 ●   ● 39

SUCRE ●

42 ● 41

43 ●

IQUIQUE ●

SALZTONEBENE
VON UYUNI

44 ●   ● 45

TUPIZA ●

46 ●   4 ●

47 ●   ● 48

5 ●   ● 49

6 ●

7 ●

50 ●   ● 8

55 ●   51 ●   ● 52

9 ●   54 ●   56 ●

11 ●

19 ●

17 ●

10 ●   13 ●   ● 14
               ● 15

56 ●

18 ●   12 ●

16 ●

SALTA ●

PAZIFISCHER
OZEAN

CHILE

20 ●

21 ●

22 ●

23 ●

24 ●

25 ●

57 ●

TUCAMAN ●

26 ●   59 ●

28 ●   58 ●

60 ●   29 ●   27 ●

31 ●   30 ●

CATAMARCA ●

33 ●   32 ●

ARGENTINIEN

34 ●

SAN JUAN ●

35 ●

MENDOZA ●

SANTIAGO ●

Vom Coropuna wissen wir also ganz genau, daß die Seelen der Toten dort ihre Heimstatt haben. Doch auch aus anderen Teilen Perus und Boliviens kommt die Kunde, daß die Toten zu den Bergen gehen. Und da wirken sie zum Wohle der Hinterbliebenen. Hofft man! Jedenfalls sind die Toten auch in Wasserfragen Ansprechpartner. So opferte man früher bei Regenzeremonien oft in alten Gräbern, oder Mumien wurden beim Wasserkult als Vermittler eingesetzt, indem man sie aus ihren Gräbern zu den Stätten der Anbetung des Berggottes trug. Umgekehrt fürchteten die Indianer auch die Strafe der Ahnen, wenn Mumien ausgegraben, beraubt oder in Museen verbracht wurden. Julio C. Tello hatte bei seinen Grabungen mit solchen Ängsten der Indianer, die Hagelschlag und Dürre fürchteten, zu kämpfen. So schließt sich der Kreis: Auf dem Umweg über die Toten werden die Berge um Regen gebeten.

Über Mumien, Gold und Opferstätten auf dem Dach der Anden haben schon die spanischen Chronisten aus der Zeit berichtet, da in Peru die Inka-Sonne für immer unterging. Aber weder die Spanier noch die großen Altertumsforscher unseres Jahrhunderts wußten mehr über die große Anzahl und die Bedeutung der Stätten der Anbetung auf Gipfeln zwischen 3000 und fast 7000 m Höhe mitzuteilen. Dieses Geheimnis im Reich der Inka wurde erst in jüngster Zeit entschlüsselt. Götter sind dabei ins Spiel gekommen, von denen wir bisher kaum eine Ahnung hatten, und sie haben bei vielen Menschen im größten Tropengebirge der Welt ihre Rolle noch nicht ausgespielt. Sie haben die Sonnenreligion der Inka überlebt. Sie stehen unverrückbar und gewaltiger auch als die steinernen Bauten anderer versunkener Kulturen in der Welt der Indianer. Es sind die Berge selbst.

Anhang

Dank

Mit tatkräftiger Hilfe, mit Anregungen, Ermutigungen, Wissen und Kritik haben mir bei der Verwirklichung dieses Buches Freunde und Gesprächspartner zur Seite gestanden. Ihnen allen habe ich zu danken. An erster Stelle Constance Ayala und Johan Reinhard in Lima, sodann Federico Kauffmann-Doig und Gustavo Siles in Lima, Udo Oberem in Bonn sowie dem Ibero-amerikanischen Institut in Berlin.
Dem Verlag Herder danke ich dafür, daß er Zutrauen zu meinem Thema gefaßt, das Manuskript mit Geduld abgewartet und das Buch so großzügig ausgestattet hat.

Quellenverzeichnis

Zu: Der Schatzfund auf einem Schneegipfel und die Folgen

1 Horne, Patrick D. – Kawasaki, Silvia Quevedo: Paleopathology Newsletter, Nr. 40, Santiago 1982.
2 Troll, Carl: Amerika, Bonn – Köln 1982, 294 ff.

Zu: Neue Nachrichten aus Chavín

1 Burger, Richard L.: The Occupation of Chavín. Ancash in the initial period and early horizon, Berkeley 1978.
2 Barthel, Thomas: Ein Frühlingsfest der Atacamenos, in: Zeitschr. f. Ethnologie, Braunschweig 1959, 35 f.
3 Reinhard, Johan: Chavín and Tiahuanaco. A new look at two Andean ceremonial centers, in: National Geographic Research, Washington 1985, 397 ff.

Zu: Annäherung an Nazca

1 Disselhoff, Hans Dietrich: Das Imperium der Inka und die indianischen Frühkulturen der Andenländer, Berlin ²1974, 300 f.
2 Ebd. 302.
3 Morrison, Tony: Pathway to the Gods. The mystery of the Nazca-Lines, in: Peruvian Times, Lima 1978.
4 Hawkins, Gerald St.: Beyond Stonehenge, London 1977.
5 Mariscotti de Görlitz, Ana Maria: Pachamama. Santa Tierra, in: Indiana, Suppl. 8, Berlin 1978, 92.
6 Reinhard, Johan: Nazca-Lines. A new perspective on their origin and meaning, Lima 1985.

Zu: Ein plastisches Bild der Moche-Welt

1 Disselhoff, Hans Dietrich: Das Imperium der Inka und die indianischen Frühkulturen der Andenländer, Berlin ²1974, 315.
2 Ebd. 312.
3 Benson, Elizabeth: The Cult of the Feline. A conference on pre-columbian ikonography, Washington 1972.
4 Reinhard, Johan: Two Coastal Centers, in: National Geographic Research, Washington 1985, 415.
5 Disselhoff, Hans Dietrich, a.a.O. 324.

Zu: Tiahuanaco, „Kon-Tiki" und die Vernunft

1 Disselhoff, Hans Dietrich: Das Imperium der Inka und die indianischen Frühkulturen der Andenländer, Berlin ²1974, 385.
2 Reinhard, Johan: Chavín and Tiahuanaco. A new look at two ceremonial centers, in: National Geographic Research, Washington 1985, 407 ff.
3 Disselhoff, Hans Dietrich: a.a.O. 382.

Zu: Die Inka erobern die alten Götter

1 Nachtigall, Horst: Inti Raymi. Das Sonnenfest der Inka, in: Kosmos, Stuttgart, 493 ff.
2 Disselhoff, Hans Dietrich: Das Imperium der Inka und die indianischen Frühkulturen der Andenländer, Berlin ²1974, 211 f.
3 Mariscotti de Görlitz, Ana Maria: Pachamama. Santa Tierra, in: Indiana, Suppl. 8, Berlin 1978, 87 f.

Zu: Der Sieg der alten Götter

1 Oberem, Udo: Ein Beispiel für die soziale Selbsteinschätzung des indianischen Hochadels im kolonialzeitlichen Quito, in: Ibero-amerikanisches Archiv, N. F., Jg. 5, H. 3, Berlin 1979, 216 f.
2 Reinhard, Johan in: Mountain Research and Development, Bd. 5, Nr. 4, Lima 1985, 299 ff.

Literaturverzeichnis

Der Schatzfund auf einem Schneegipfel und die Folgen

Baumann, Peter — Patzelt, Erwin: Wo die Berge Götter sind. Das neue Bild der Anden, Frankfurt a.M. 1984.
Beorchia, Antonia: El Cerro del Toro, in: Revista del CIADAM, San Juan 1973.
Monteira, Angel Cabeza: El Santuario Inca en Cerro el Plomo, in: Creces, Bd. 5, Santiago 1984.
Hocquenghem, Anne Marie: Les offrandes d'enfants. Essai d'interprétation d'une scène de l'iconographie mochica, in: Indiana 6, Berlin 1980.
Schobinger, Juan: La momia del Cerro El Toro, Mendoza 1966.

Neue Nachrichten aus Chavín

Baumann, Peter — Kirchner, Gottfried: Terra X. Rätsel alter Weltkulturen, Frankfurt a.M. 1983.
Baumann, Peter: Valdivia. Die Entdeckung der ältesten Kultur Amerikas, Hamburg 1978.
Kauffmann-Doig, Federico: Manual de Arquelogia Peruana, Lima 1980.
Tello, J. C.: Chavín. Cultura matriz de la civilización andina, Lima 1960.

Annäherung an Nazca

Kosok, Paul: Life, Land and Water in Ancient Peru, Brooklyn 1965.
Reiche, Maria: Geheimnis der Wüste, Stuttgart 1968.
Stierlin, Henri: Le clé du mystère, Paris 1984.

Ein plastisches Bild der Moche-Welt

Benson, Elizabeth: The Mochica, New York 1972.
Lanning, Edward: Peru before the Incas, Englewood Cliffs (New Jersey) 1967.

Tiahuanaco, „Kon-Tiki" und die Vernunft

Ponce Sanginés, C.: Panorama de Arquelogia Boliviana, La Paz 1980.
Waisbard, Simone: Tiahuanaco, Mexico City 1975.

Die Inka erobern die alten Götter

Disselhoff, Hans Dietrich: Das Imperium der Inka und die indianischen Frühkulturen der Andenländer, Berlin [2]1974.
Engl, L. u. Th.: Glanz und Untergang des Inkareiches. Conquistadoren, Mönche, Vizekönige, München 1967.
Poma de Ayala, Guamán: La Nueva Crónica y Buen Gobierno, Lima 1956.
Rowe, John H.: Inca Culture at the Time of the Spanish Conquest, Washington 1946.

Register

175